MIND 心研社图书

为心灵提供盔甲和武器

如果你容易被挫折打败，
这本书就是为你而写。

我并没有失败,我只是发现了一万种行不通的方法。

——托马斯·爱迪生

10堂逆向逻辑思考课

如何在挫折中解决问题

〔澳〕谢莉·戴维德　〔澳〕保罗·威廉姆斯　著
王姿　叶晓松　译

FAIL
BRILLIANTLY
EXPLODING
THE MYTUS OF
AILURE AND SUCCESS

北京联合出版公司

图书在版编目（CIP）数据

10 堂逆向逻辑思考课 /（澳）谢莉·戴维德,（澳）保罗·威廉姆斯著；王姿, 叶晓松译. —北京：北京联合出版公司, 2020.9
ISBN 978-7-5596-3762-8

Ⅰ.①1⋯ Ⅱ.①谢⋯ ②保⋯ ③王⋯ ④叶⋯ Ⅲ.①成功心理－通俗读物 Ⅳ.① B848.4-49

中国版本图书馆 CIP 数据核字（2019）第 227093 号

Fail Brilliantly © 2017 Shelley Davidow. Original English language edition published by FAMILIUS, 1254 Commerce Way, Sanger, CA 93657, USA. All rights reserved. Arranged via Licensor's Agent: DropCap Rights Agency

10 堂逆向逻辑思考课

作　　者：（澳）谢莉·戴维德　（澳）保罗·威廉姆斯
译　　者：王　姿　叶晓松
出 品 人：赵红仕
图书策划：耿懿凡
责任编辑：牛炜征
特约编辑：邓英德
特约统筹：高继书
装帧设计：仙境设计

北京联合出版公司出版
（北京市西城区德外大街 83 号楼 9 层 100088）
北京联合天畅文化传播公司发行
北京美图印务有限公司印刷　新华书店经销
字数 146 千字　880 毫米 ×1230 毫米　1/32　8 印张
2020 年 9 月第 1 版　2020 年 9 月第 1 次印刷
ISBN 978-7-5596-3762-8
定价：39.80 元

版权所有，侵权必究。
未经许可，不得以任何方式复制或抄袭本书部分或全部内容
本书若有质量问题，请与本公司图书销售中心联系调换。电话：（010）64258472-800

自序：为挫败而生的逆向逻辑思考法

作为一种思考方法，逆向逻辑思考几乎是为逆境而生的——它本身就意味着扭转局面。

藉由"心理训练专家"职业的缘故，我遇见过太多被挫败经验击倒的人，他们中不乏曾经大获成功的企业老板、企业高管，甚至学术名人。

在为他们做心理康复训练的过程中，我发现，真正击倒他们的往往并非那个失败了的事件，而是由挫败经验所引发的心理困境。

一件事之所以被定义为挫败，是因为事情的结果不符合预期的目标，对于行事之人来说，等于做了无用功，空忙一场。挫败经验给人的害处，主要表现在情绪的内耗和对自信心的打击上，会导致当事人因无法理智思考而裹足不前或者自暴自弃——就像在擂台上被对手一拳打晕了的拳手一样，除了眩晕和痛苦之外，完全失去了思考的能力。

面对这种挫折经验带来的心理创伤,我给出的最有效的康复手段,就是逆向逻辑思考法。

为了完成逆向逻辑思考法,我和另一位作者花费多年时间,深入各大知名企业,进行了实验调查和样本跟踪。此外,我们借鉴了先哲们的思想,完善我们的理论。在这个过程中,我发现原来柏拉图、伊壁鸠鲁、萨特、加缪等哲学家,早已从不同角度洞悉失败的本质,找出了从挫折中快速突围的致胜良方。

此外,逆向逻辑思考法还借鉴了后现代心理治疗里的叙事疗法,该疗法是心理学临床治疗中最先进的方法之一,其效果已不必赘述,只要是正规的心理治疗机构,都必有后现代心理治疗取向的治疗师参与其中。

相信逆向逻辑思考法,会让你透彻了解挫败的本质,解除情绪内耗,成为一名从眩晕中快速恢复的拳击手,赢得属于自己的拳赛和荣誉。

——(澳)谢莉·戴维德

书 评

如果我们够幸运，那么挫折就是我们美好生活的一部分。我们梦想远大，我们活得精彩，有时也失败得很壮观。戴维德和威廉姆斯提醒我们，只有不断地站起来，而不是一蹶不振，才能走完这段旅程。胜利可以从悲剧中诞生。失望可能孕育智慧和恩宠。如果你想在跌倒之处绽放光芒，这一定是你的必读书。

——安玛丽·凯利 – 哈博，
著有《这是龙：重新发现目标、冒险和旅途中深不可知快乐的父母指南》

文字生动且极其耐人寻味……和戴维德和威廉姆斯一样,我努力把挫折当作继续学习和解决问题的机会,成功地克服了我们社会中因失败而产生的那些羞愧、焦虑和指责。

——劳瑞·霍尔曼博士,精神分析学家,
著有《开启父母的智慧:了解您孩子行为的意义》

有很多教我们如何成功的励志书,可我从来没有遇见过一本教我们如何应对挫折——而遭遇挫折才是每个人的常态,对吧?

——莱昂内尔·施赖弗,记者,
著有《我们需要谈谈凯文》

没有什么神奇公式可以用来解决挫折,但是……本书为您提供了最有效的工具来实现这一点。任何一个认真对待我们所谓的失败的人,都应该拥有这本书。

——彼得·比勒陀利乌斯,
世界上首位截瘫飞行教练

觉得自己是一个失败者？根据《10堂逆向逻辑思考课》一书所说，你并不孤单。戴维德和威廉姆斯对成功在社会中的意义进行了深刻全面的审视，深入研究了失败的标尺背后的问题，并获得了一些惊人的洞见。

按照这个世界的标准，我成年后遭遇了太多挫折；抚养了八个孩子，勉强维持着收支平衡。作为一个自由作家，微薄的收入和一大堆退稿信，可能会让一些不那么坚定的人放弃成为一个"真正"的作家。然而正好相反，不断被拒绝反而激励了我。我作为一个初出茅庐的作家所面临的这种情况，本书的两位作者可能会把它称为一个"意想不到的结果"。在出版了五本书、发表了数百篇文章后，我现在被人认真地当成作家了。显然，根据这本精彩的书，我也曾经在挫折中重获新生。而你，也可以。

——玛丽·波特·凯尼恩，
图书管理员、公共演说家、社区大学讲师，
著有获奖作品《火炼：悲伤与恩典之旅》

目 录

引　言	课前预习：多数挫折只是意外	01
	失败的等级	03

第一课	人与动物的挫折观	001
	挫折对动物的影响	003
	改变人们对待挫折的固有逻辑	007

第二课	一级失败：不可逆转的挫折	017
	著名的一级失败	018
	一级失败的经验教训	024
	观点总结	028
	怎样看待一级失败	029

第三课	二级失败：没有达成目标的挫折	033
	20世纪著名的二级失败	033
	科学和医学领域遭遇过的二级失败	039
	观点总结	046
	怎样看待二级失败	046

第四课	三级失败：被定义的挫折	051
	令人失望的教育	054
	那些让人受挫的情境	063
	改变游戏规则	070
	观点总结	073
	怎样看待三级失败	074

第五课	思维定势：传统成功逻辑的内核	079
	物质世界里的失败	082
	所谓的成功	085
	肉毒杆菌	087
	超人的诞生	088
	观点总结	092
	怎样看待成功	093

第六课	僵化的思维：传统挫折逻辑的真相	097
	现实生活中的挫折	099
	金钱不等于幸福	107

濒死体验　　　　　　　　　　　111
　　改变我们的视角　　　　　　　118
　　观点总结　　　　　　　　　　119
　　怎样看待成功与失败　　　　　120

第七课　**传统挫折逻辑的帮凶——语言**　125
　　失败简史　　　　　　　　　　126
　　让人害怕的挫折　　　　　　　129
　　学校里的挫折　　　　　　　　131
　　把挫折重新命名　　　　　　　135
　　拒绝被挫折洗脑　　　　　　　137
　　观点总结　　　　　　　　　　139
　　怎样走出挫折对思想的控制　　140

第八课　**逆转挫折，颠覆传统逻辑**　145
　　成功的挫折　　　　　　　　　151
　　与挫折共处　　　　　　　　　156
　　悲剧里的挫折　　　　　　　　158

你好，我应聘的岗位是：失败者　　　　　160
　　　观点总结　　　　　　　　　　　　　　166
　　　怎样看待人生中的挫折　　　　　　　　167

第九课　突围法则一：重塑挫折观　　　　　　171
　　　重塑利器之一：理想主义世界观　　　　172
　　　重塑利器之二：现实主义世界观　　　　175
　　　重塑利器之三：现代哲学中的存在主义与荒诞哲学　177
　　　重塑利器之四：新纪元哲学与正面思考　181
　　　重塑利器之五：禅宗与挫折的艺术　　　184
　　　怎样看待哲学里的挫折　　　　　　　　186

第十课　突围法则二：把"挫折"从你的人生字典中抹掉　191
　　　消除挫折　　　　　　　　　　　　　　199
　　　观点总结　　　　　　　　　　　　　　212
　　　怎样转变思维里的"挫折模式"　　　　213

第十一课	逆向逻辑：把挫折变成意外	217
	拥抱意外	217
	运用逆向逻辑的练习	218
	10堂逆向逻辑思考课最终总结	222

鸣　谢	225

关于作者	227

引言　课前预习：多数挫折只是意外

尽管你付出了最大的努力，也从过去的挫折中吸取了教训，你还是没能取得梦寐以求的成功。你把"永不言弃"几个字贴在浴室的镜子上，你感觉自己从上学起就时时刻刻都在践行这句标语。当你在这个充满竞争的世界里，经历了不幸和一系列意想不到的灾难之后，你意识到自己很可能"也就这样了"。你为自己所设想的成功人生，可能永远实现不了。

那么现在要怎么办？

我们生活在一个成功与失败并存的世界。许多人并不认为自己只是正处于"在路上"的状态中——经历困难，面对逆境，充分利用我们所遇到的一切。更多情况下，我们认为自己要么是成功者，要么是失败者。这只不过是我们的错觉。我们不是在奔赴一场有既定目的地的旅程，而是在经历旅行的过程，虽然社会每天都在教导我们用自己的期望和他人的期望去衡量我们的人生。这些多半会给我们带来痛苦——从我们踏入校门走进教室的那一刻起，到我们找工作面试失败，再到股票大跌套牢了我们所有的钱。我们花费时间为自己错误的决定、为自己没能取得成功而过分自责懊恼，接着又把这种不良情绪转嫁到我们的同事、伴侣和孩子身上。

哺乳动物大脑的本能驱使着我们去追寻成功的滋味。而我们所谓的"失败"，则会使我们丧失活力，因为我们总是极力避免那些令人失望的事情。虽然自媒体大咖们和心理学家们对挫折带来的好处赞不绝口，但它本质上仍然是一种社会的负面因素。我们一旦做错了事，这个世界便对我们表露不满。根据那些能证实我们成功的东西——学业成就、社会地位、开什么车、挣多少钱，我们不断地被分成三六九等，被贴上标签。

然而，在我们的人生中，挫折是一个错综复杂且必不可少的组成部分。

重大的挫折往往会带来一些无法估量的衍生事件：彻底的转变、观点和价值观的转变——即使这些目标本身就是永远无法实现的。从注定失败的探险家，到中途夭折的登月计划，再到被拒十几次的小说，这本书将挫折视为人类存在不可分割的一部分，打破了我们过去所相信的许多关于挫折的错误认知。同时，本书揭示了一条应对挫折的新路径。

失败的等级

我们所面临的一个重要问题，就是我们对"失败"这个词的定义很宽泛。这无疑会使人困惑，因为并不是所有的失败都是同一个级别的。现在，当我们提到失败，总是把所有的事情混为一谈，好像考试失利或者风投失败所带来的价值或影响，跟手术失败甚至飞机失事是一样的。

为了明晰起见，我们将失败分为三大类，这有助于我们以新的方式审视这些所谓的失败。

一级失败

一级失败是最具毁灭性的。这类失败会招致灭顶之灾，并以生命为代价。例如：飞机失事、致死或致伤的医疗事故、因未能及时赶到而酿成大祸的应急服务、造成无辜之人被误判的司法不公。

这些失败的后果是不可挽回的，人员死亡，财物受到无法修复的损坏。我们不可能庆祝这样的失败，也不可能称赞那些被卷入的人"失败得好极了"。如果说我们能够从中学到点什么，那就是无论如何，我们都要避免类似的失败再次发生。

二级失败

二级失败是指那些未能完成既定重要目标的失败。例如，虽然中途夭折但并未造成人员伤亡的"阿波罗13号"登月计划，又或者欧内斯特·沙克尔顿（Ernest Shackleton）在1914年至1916年计划横穿南极的航行——旅程中28个人都活了下来，尽管他们失去了一切，也从未实现穿越南极的目标。这些二级失败是冒险或科学之旅，其中预期的结果没有实现，另一个未预见的结果却出现了。这些失败属于艺术家、研究人员、作家，以及想要有所创新的任何人。

不同于一级失败，这类失败往往会催生意想不到的新事物、新想法和协作成果，同时带来个人成长、发展、潜在的好处，以及只有在最严峻的环境中幸存后才能得到的经验教训。这些失败值得赞扬，因为它们具有内在的价值，是变革的催化剂，为世界带来了崭新而宝贵的知识。它们是值得庆祝的。事实上，这些失败甚至不应该叫"失败"，因为它们绕过了语言对失败精心构建的全部定义。

三级失败

三级失败是那些被我们决定将其当作失败的挫折。它们显然是主观的，我们对它们的反应既与生物学、生理学有关，也与实际的失败本身有关。没能通过考试，没能选上心仪的大学课程，没能赚到足够的钱或成功地经营生意，没能成为一个成功的作家，抑或没能实现自己或老板为我们设定的特定目标，这些都是三级失败。这类挫折经常让我们感觉自己很糟糕。我们常常无法将我们自己以及我们的价值同这些挫折分离开来。

这些挫折的界定范围是我们随机设置的，而所谓的成功与失败之间的分界线，则是我们想当然地在我们认为合适的地方划出来的。当我们为自己设定了目标——个人的、经济的、学业的，我们便不自觉地创造出一系列潜在的挫折，所以最好要了解追求成功的内在风险。

马尔科姆·格拉德威尔（Malcolm Gladwell）在他的《异类》（*Outliers*）一书中指出，运动员、社会企业家、商人，这些符合世界对成功的物质定义的成功者，他们确实在努力工作——但在他所调查的每一个案例中，都存在着一个幸运的机会、一次偶然的相遇，让他们的努力得到了回报。同时，他也向我们展示了一些从未得到幸运机会的天才，尽管他们才华横溢并且努力工作，却仍然过着平凡的生活。

他们那些令人惊叹的创意和发明从未见过天日，也没有带来物质上的成功。这就是事实：无论是从金钱上，还是从认可度上，坏运气与曲折的命运都使他们的努力无法得到回报。我们大多数人可能或多或少都会对此表示认同。

每一个所谓的"成功"里都有偶然的因素。

我们中有些人坚信只要下定决心去做一件事，就一定能成功。这些人需要清楚，人生充满惊喜，这使我们旅途的结果完全无法预料。所以，那些投入了一万小时来达成目标，却没有得到相应回报的人该怎么办呢？

应对这些"失败"，需要我们对失败这一概念彻底地进行重新思考——当然，还有成功的概念。

生命就是失败。我们在宇宙中 40 亿年的旅程，是由各种各样的尝试和错误组成的。我们的人生充满磕磕绊绊、跌跌撞撞和意想不到的结果，这些往往不会导致任何形式的成功。

我们相信，失败可以大致分为三类。在这本书中，我们探究了这些失败是如何发生的，检验了它们对我们生活的影响，并向读者提供了革命性的方式以改变我们对失败的看法，展示了我们如何将自己从失败的概念中剥离出来，以避免不必要的痛苦。

参考文献：

[1] 亚克塔约-昌加，杰西卡·P.，尹双宇，基特·托马斯·赵，内森·C.胡德，阿格利亚·罗伦斯，伊丽莎白·E.胡德.未能在多个异种系统中过度表达扩张[J].植物科学的新否定（2016）:10—18. 2017-03-16.

http://www.sciencedirect.com/science/article/pii/S2352026416300022.

[2] 格拉德威尔，马尔科姆.异类：成功的故事[M].纽约：利特尔＆布朗出版社，2006.

第一课　人与动物的挫折观

每当我们想起失败和成功的时候,通常都局限于一个非常特定的区域:人类通过努力达到顶峰,或者更明确地说,人类通过努力生存下来就是成功。任何有助于生存的事物都会使我们产生 5- 羟色胺、多巴胺、内啡肽和催产素,因此我们会心情愉悦。任何威胁我们生存的事情都会使我们感到紧张、沮丧和郁闷,最终导致低自尊。但是,我们想要生存下去,我们想要兴旺发达。事实上,我们就是那些精明到足以生存的人的后代。[1]

想象一个史前祖先在非洲热带草原上徘徊,他已经好几天没吃东西了。他一直顺着脚印跟踪一只被他用箭射伤的羚羊。他非常累,又饿又渴,而回家至少要走一天的路程。他的孩子和孩子的母亲都饿着肚子,他真的快撑不下去了,但他仍在坚持。突然,他在空地上发现了自己追踪的猎物,他欣喜若狂。现在他知道,在接下来的几天里他和他的家人将会有足够的食物,他的追踪和坚持没有白费。他觉得自己很重要、很成功、很安心。

  我们的环境已经改变,我们的大脑经历了数千年的进化,但我们最核心的特征和我们史前祖先的并无两样。就像在现代世界中,作为祖先后代的一个房地产经纪人,几个月来,她一间房子都没有卖出去。尽管在这个区域内有一个潜在买家想要买一套价值百万美元的房子,但他并没有做出承诺。几个星期以来,她一遍一遍地向买家展示房子,提供信息。当买家提出不合理的要求时,她保持冷静;当买家的兴趣似乎减弱时,她给他们打电话。终于有一天,他们给出了现金报价,并在房子里完成了交易。她简直不敢相信这是真的,就像她的史前祖先在挨饿几天后找到食物一样,她异常兴奋。她可以养家糊口,可以把自己的车修好,可以去国外度假,甚至去海外看望生病的父母了。她觉得自己非常成功,她会生存下来的!

  我们的大脑非常关注"成功",只是现在我们会把考个好成绩、赚很多的钱以及拥有很多东西等同于生存。在某种程度上,这是真的:因为我们再也不用在平原上四处觅食,再也不用睡在洞穴里。我们现在需要的是拥有很多的钱来买房子和食物,我们把生存的门槛设置得越来越高,感觉应该得到更多更好的事物。当我们不再追求物质上的成功时，不再拥有更大的房子、更好的新车和更多的东西时，我们就会觉得自己像个失败者。然后从我们的孩子出生的那一刻起，我们就不断地向他们施加压力，要求他们达到目标。我们一边不断督促他们攀登我们设计的梯子，一边在成绩单上打钩。不知不觉中，我们把这些成绩和生存联系了起来：在小学拼写考试中得到 A，就意味着要开始承担生存的重负了，而这些重负对我们和孩子来说，是一种生死攸关的压力。不知为何，我们相信成绩将预测他们能否在世界上生存。

挫折对动物的影响

根据神经生物学家和作家洛蕾塔·格拉齐亚·布罗伊宁博士（Loretta Graziano Breuning）的说法，和人类相比，大多数动物遭受的失望要少得多，因为它们不像人类那样对事情有所期望。[2] 假设你是一只猫鼬，捕食者吃掉了你的孩子，你当然会心碎，你可能会感到悲伤和焦虑，你可能会害怕那些掠食者，但你不会因为没有保护好自己的孩子而发展出自我怀疑或仇恨的复杂理论。作为人类，我们的自我怀疑和世界上的各种失败理论是使许多人的生活苦上加苦的额外压力源。

我们还有一种独特的能力，那就是想象别人的痛苦并生活于其中。镜像神经元使我们能够感受其他正在遭受疼痛的生物的疼痛，出于对他人和其他生物的同情，大多数人更喜欢想象一个更加和平的世界。我们可以想象这样一个世界，在这个世界里，我们不会向对方或对方的孩子投掷炸弹。我们已经在许多人身上看到这些良好的品质，因此我们有理由希望，甚至期望人们会以文明、道德的方式行事，而不是抢夺对方的东西、国家、石油或黄金。但是当世界不和平时，当我们的期望受挫时，我们就会崩溃。当我们期望孩子通过驾驶员考试，而他们没有通过时，我们可能会觉得我们作为父母失败了，或者我们的孩子失败了。也有许多父母把孩子的足球比赛看作一场生死攸关的比赛，比赛的输赢紧紧跟孩子还有他们父母的自尊绑在了一起。如果孩子输了，这些父母就会让孩子觉得自己是失败者。事实上，这些父母自己也觉得自己是失败者。

这就是我们发明的一个系统。

那些父母已经把他们远古的生存本能和孩子的足球比赛联系在一起了，因此，没有赢得比赛，会给他们带来与现实不符的巨大痛苦。

其他哺乳动物也有很多问题，它们也会遭受痛苦，也可能会有压力，但它们没有一个制造自我怀疑的复杂过程。布罗伊宁博士在她的《快乐大脑的习惯》(*Habits of a Happy*

Brain）一书中对此进行了详尽的阐述，在这里引用一句在生活中的许多情况下可能对我们非常有用的话：

当猴子输给对手一根香蕉时，它会很难过，但是它不会通过一遍又一遍地思考这件事来扩大这个问题。它会再去找一根香蕉。最后它会感觉自己得到了奖赏，而不是受到伤害。人类利用多余的神经元来构建关于香蕉的理论，最终却构建了痛苦。[3]

失去一根香蕉没什么大不了的。研究表明，随着时间的推移，输家效应开始起作用。长此以往，压力水平就会不断上升。如果一只猴子总是把香蕉输给更强壮的猴子，因为香蕉而不断被骚扰和纠缠，这将会对它产生深远的生理影响。

如果一只猴子能够从它的对手那里偷到一根熟香蕉，那它就是赢家，被偷的就是输家。赢家的睾酮会激增，而输家的睾酮会显著下降。赢家会更加自信，更加膨胀，很可能想要继续赢得更多。事实上，如果它在战斗中遇到一个比它更强的对手，它也很可能会赢，因为成功的经历使它充满信心，而屡战屡败的输家下一次更有可能会再次成为输家。[4]

和非人类灵长类动物一样，人类在取得小小的成功时，也会体验到睾酮和内啡肽或多巴胺的急速分泌，这就导致了我们生活中很多有趣的事情发生。毕竟，我们跟其他灵长类朋友在生理特征上并没有很大不同。神经科学家罗伯特·萨波尔斯基（Robert Sapolsky）在《斑马为什么不得胃溃疡》（Why Zebras Don't Get Ulcers）一书中指出，我们的社会经济地位和我们的健康状况有直接的关系。比如在灵长类动物世界里，等级高的狒狒有更健康的应激反应，而且各种健康问题也比等级低的狒狒要少得多。[5]这和低等级狒狒被骚扰、被欺负、被攻击也有很大关系。狒狒和其他灵长类动物在遭受攻击时会感到自卑，会有更高的皮质醇水平和糖皮质激素水平，因此它们的寿命会缩短。在这个意义上，非人类灵长类动物和我们之间的差异几乎是不存在的：我们越感到成功，我们就活得越久。感到贫穷和卑微是寿命变短的一个征兆。[6]但在另一个意义上，我们之间有着巨大的差异：作为具有想象、计划、比较和思考能力的人类，我们确实能够控制自己对世界的反应。

　　这可能是最有趣的发现之一，因为它意味着外部现实对我们健康的影响是可测量的。当我们的世界分崩离析时，让我们保持积极的世界观几乎是不可能的。如果知道我们对周围环境的反应对我们的健康起着重要作用，我们就会尽最大努力善待自己，采取措施尽量减少压力，明白有时候我们唯一的自由就是如何对生活抛给我们的一切做出反应。

改变人们对待挫折的固有逻辑

　　这就是我们的失败概念的问题所在：觉得自己在社会催生的"重要"等级制度中失败了，这会给我们带来生理上的影响，从而对我们的生活产生负面影响，甚至会缩短我们的寿命。我们可以把这个理论应用到所有的三级失败之中：我很难过，因为我数学考试不及格。我很难过，因为我没有升职，我觉得自己像个失败者，虽然我每天努力工作，现在还开着一辆十年前的丰田车，我买不起新车。[7] 但大多数二级失败的情况并非如此，因为人们通常都知道旅途是充满风险的，甚至有人会预料到失败，而且这些冒险活动还提供了教训和有价值的观点，因此冒险者不会感到崩溃。

　　举例来说，2016年，两个来自完全不同的公司的年轻企业家（SpaceX 的首席执行官埃隆·马斯克和 Facebook 的马克·扎克伯格）决定合作并收集资源在卡纳维拉尔角发射一颗卫星。他们对这个能够将网络带到非洲的项目抱有很大的希望。但是他们眼睁睁地看着这枚价值几百万美元、604吨的火箭在发射平台爆炸了，同时也毁掉了平台上昂贵的卫星。他们本应该认为这是他们个人的失败，但是他们换了一个角度想，认为挫折也是过程中的一部分。他们希望找出挫折的原因，以防止这种情况再次发生。

我们之所以会产生不值得的感觉，是因为我们足够聪明，能够发明失败这个概念。如果我们能够在比较的基础上创立我们自己的关于失败与成功的复杂理论，我们当然可以重新设计我们的概念。

玛姬·丹佛[8]是佛罗里达州的一名教师，从事教育事业二十年，她很清楚这些"觉得不值得"的感受以及这种感受对健康的负面影响。在过去的十八个月里，她的直接领导一直在微妙地骚扰和贬低她。她之前很喜欢工作，突然，她每天都在害怕，害怕开会，害怕遇到骚扰她的男人。后来，学校聘用了一位新校长，他的专制做法与她的直接上级完全吻合。现在有两个男人在每一件事情上刁难她。她的压力直线上升，身体健康受到危害。她想起诉他们性骚扰，但是她又意识到，这会导致她在很长一段时间内承受极大的压力。

就在这一瞬间，她意识到这件事情已经严重影响了她的个人幸福。她当场辞职并开始了漫长的求职历程。对她来说，比起每天跟性别歧视的领导做斗争，暂时失业的压力根本就不算什么。她知道，比起主动寻找一份更加合适的工作，被骚扰更为有害，并且可能会对她的预期寿命产生很大影响。她不再觉得自己是个失败者，她觉得自己是一个有力量的人。她在对形势进行了个人成本效益分析之后做出了选择，并意识到留下来的情绪和生理成本远远高于离开的成本，尽管有风险，她敢打赌，这个选择在当时对她来说是最明智的。

这也许看起来像是失败了：玛姬辞去了工作，而且她没有让她的两个领导得到应有的惩罚，但这更像是一次成功——她的焦虑立刻消失了。她的低自我价值感完全是环境所致，所以她现在深受鼓舞，获得了解放，并准备好迎接人生的新挑战和新阶段。

失败的感觉会让我们痛苦。我们对人生的反思、我们自己创造的环境，造就了我们对待意外结果的倾向和态度。当我们失去需要或想要的东西时，就会立即产生生理、情绪和心理上的反应——对失去或者缺乏成就的本能反应。正是在这一点上，我们有能力去影响我们的人生：我们各种求不得的想法，我们对意外结果的反应都是可以改变的，我们的情绪和身体都会做出相应的反应。

作为具有自我意识的人类，我们能够改变自己的心灵和想法，我们能够决定自己是否会因为失去香蕉、商业交易或工作而为难自己，或者我们会继续前行，寻找另外的香蕉、商业交易和工作。

认识到我们进取的天性和我们对生存的追求都深深植根于我们对物质成功的渴望，我们就可以用一个更加清晰的视角来看待失败：作为一个物种，我们在过去的四万年中没有太多改变，但我们的生活已经完全改变了。我们渴望那些能让我们感到安全的东西，而这些东西会发给我们生存的信号,就像我们将钱存入银行账户以备不时之需。很多时候,我们拥有的钱越多,我们就认为我们需要的越多。对大多数人来说,他们的规则时常因自己的利益而改变。在这个世界上生活有很多不同的层次和方式,而我们身体上和物质上的需要只代表了一个方面。对于物质安全感,每个人都有不同的看法,因此就没有一套客观的标准来衡量所谓的成功或失败。

然而,我们制定了衡量成功和失败的标准:我们认为驾驶奥迪的人在某种程度上比驾驶十年前的丰田的人更成功,更有可能生存和发展。那是因为我们用物质的东西代替了生物进化的功能(生存的动力),而且我们让奥迪成为这种成功的代表。

让我们假设一个为大家所熟悉的场景,想象一下,奇恩有一辆豪车,但他心力交瘁,再过两天,他那严重的心脏病就会发作。他现在感觉很不好。他一直在和妻子吵架,他的孩子们似乎忘恩负义,跟老同学巴尼相比,他感觉自己很惨。巴尼发明了一种通信设备,在过去的七年里赚了几百万美元。奇恩后悔十年前当他有机会和巴尼一起做生意时,没有抓住这个机会。他觉得自己当时的判断严重失误,自从巴尼成功之后,他每天都在为此付出代价。奇恩的动脉堵塞,血压很高,并且对每件事都失去了兴趣,只能专注于他没有达到自己对自己的期望。他感觉自己像个失败者,这个想法已经深深地扎根于他的行为之中，并成为他每天所思所想的基准。他毕业时的目标只是获得足够的物质财富，以便生存下来并过上幸福健康的生活，但这个目标慢慢地被遗忘了。如果不是因为他改变了游戏规则，把自己跟别人做比较，使他心血来潮，他也不会在42岁时坐在红绿灯前，48小时以后死于心脏病发作。

当我们用奇恩的思维模式来看我们的大脑运作时，我们很容易看出，如果他可以专注于其他一些事情，享受人生，找找乐子，关心他的亲密关系和健康，并且对自己的物质目标有稍微不同的视角，可能不会是现在这个结果。在他死前的每一天，他都有能力改变他的看法：他的生活已经足够富有。但是他不停地和他的同学做比较，并不明白当他得不到自己想要的东西时，他本可以改变自己的情绪和生理反应。

事实上，他甚至连一根香蕉也没有失去，他只是刚看到别人有更多的香蕉。这让他对自己拥有的一切感到不满。稍微改变一下想法，他就可以消除他所创造的所谓成功的阶梯。

消除虚构的阶梯和等级是人类一种独特的能力。基于我们现在相信的进化本能，我们创造了一个看不见的现实。我们编了一个故事，而现在我们竟然真的相信这些成功和失败的符号，这些符号是媒体和社会所建构的。如果我们退后一步，我们可以通过思维来改变我们对现实的体验。如果我们有能力创造这些阶梯，那我们就有能力拆除它们。我们可以决定什么值得珍惜，我们可以决定不去相信胜利者/失败者的概念。这可能会产生深远的影响。

觉得自己是个失败者是危险的，而"输家效应"的生理后果影响深远，甚至会缩短我们的寿命。觉得自己不被尊重（或被欺负或刁难），对我们和对狒狒都有一样的影响；我们的糖皮质激素水平会上升，我们可能会患上高血压和其他与压力直接相关的疾病。

这种"攀比"的思想不仅影响着发达国家的人，也影响了贫困国家的人。就幸福感和富有感而言，实际收入的影响不如相对收入大。生活在更富有、更强大、更有能力的邻居周围，不管我们每年挣3000美元还是300万美元，我们都会觉得不如别人。我们生活中的这种比较性、竞争性是我们能够意识到并且能够控制的。无论是心理上的，还是情感上的无价值感，对人类和灵长类来说都是一种强大的力量。我们经常像奇恩那样为自己创造一种环境，在这种环境中，我们认为自己没有价值，永远不会找到幸福，因为总有比我们更富有、更成功的人。

人们努力工作，不断寻找前进的道路，常常在压力下工作，以满足老板的要求，抵抗经济压力的折磨，应对让我们感到不知所措的意外开支和灾难，我们应对这些压力时会表现出不同的方式：

1. 我们自暴自弃。我们相信自己失败了，无法胜任这项任务。我们酗酒、吸毒和自我毁灭。我们感觉自己像个失败者，并为下一件坏事做好了准备，一蹶不振。我们的压力增加，血压上升，输家效应开始显现，我们寿命缩短的风险增加了。

2. 我们把结果当成动力。我们不愿被结果打倒，无论需要多长时间，我们一定会带着坚持到底的决心，元气满满地回到前进的道路。

3. 我们接受人生中每一个不确定性。我们明白人生的目的地会不断变化，人生中也会经常发生意想不到的事情。因此我们学会了改变方向、思路和对形势的看法，重新评估我们的生活和现状，而不用成功和失败的概念来评判自己或衡量自己的价值。

重点在于：如果我们一开始就聪明到能创造出失败这个概念，而且我们的生存一定程度上取决于我们不感到自己像个失败者，那么我们肯定有足够的聪明去抹掉失败这个概念——这个概念我们稍后在研究挫折的语言，研究关于挫折的哲学，以及我们如何开始重写我们的故事和转变我们的观点时将详细探讨。

观点总结：

- 我们对成功和失败的看法基于一种原始的生存本能。
- 低等级的灵长类动物有着更高的压力，通常寿命也会更短。
- 输家效应会增加压力，影响健康。
- 我们发明了个人失败的概念，这个概念往往会带来灾难性的后果。
- 我们有足够的智慧可以消除所谓的个人失败，过上长久、快乐的生活。

参考文献：

[1] 布罗伊宁，洛蕾塔·格拉齐亚.快乐大脑的习惯：重新训练你的大脑以提高你的血清素、多巴胺、催产素和内啡肽水平[A].马萨诸塞州埃文：亚当斯媒体，2016，12.

[2] 同上，16页。

[3] 同上，30页。

[4] 罗伯逊，伊恩·H.赢家效应：成功与失败的神经科学[M].纽约：托马斯·邓恩出版社，2012：3—20.

[5] 萨波尔斯基，罗伯特.斑马为什么不得胃溃疡（第二版）[M].纽约：W.H.弗里曼公司，2017，6.

[6] 萨波尔斯基，罗伯特.受够了贫穷[J].科学人.293期，（2005）：92—99.

[7] 马苏纳加，萨曼莎，普赞盖拉.太空探索飞船的爆炸挫败了埃隆·马斯克和马克·扎克伯

格的计划 [N]. 洛杉矶时报，2016-09-01.

http://www.latimes.com/ business/la-fi-space-x-explosion-20160901-snap-story.html.

[8] 玛姬·丹佛，作者访谈，2017 年。

建议阅读材料：

德博德，马修，埃隆·马斯克正在为一场伟大的失败做准备 [N]. 澳大利亚商业内幕，2016-05-09，2016-08-04.

http://www.businessinsider.com.au/musk-epic-failure-2016-5?r=US&IR=T.

第二课　一级失败：不可逆转的挫折

走进任何一家书店，你都很容易在书架上找到一排排关于如何拥抱失败、更多地失败、更好地失败、从失败中学习、和失败交朋友、在失败中发现价值的书。这些书都有一个共同的观点：如果你没有失败过，说明你不够努力。但这种性质的失败属于一个特殊的范畴。这个词本身是有问题的，因为并非所有的失败都是相等的。

一级失败不在这些书的主题之内，我们也不想经历更多类似的失败，但它们总是发生，而且还会持续不断地发生。我们可以从中得到教训，那就是如何在未来避免这种情况的发生。如果这些失败有任何好处的话，这些好处也是留给后代的。

灾难纪录片《空中浩劫》[1]是一个基于以下内容的节目：

是什么导致了这场灾难,以及采取什么措施可以防止类似事件再次发生?细节并不重要,这个想法将应用于所有的调查委员会中:是什么出了问题?我们能否避免类似事件再次发生?

这也许是有价值的,但在某些情况下,我们不得不扪心自问:这些悲剧是不是一开始就可以避免?我们学到的教训值得付出这么大的代价吗?事实上,我们从一级失败获得的教训真的值得我们付出那么大的代价吗?

著名的一级失败

让我们看看过去一百年中的一些一级失败。这些失败都是灾难。20世纪的一级失败包括了可以避免的事故,其中许多事故涉及船舶、飞机和建筑物的破坏,并造成严重的人员伤亡。

1912年,所谓永不沉船的"泰坦尼克"号撞上了冰山并沉入大海。结果表明,由于极低的气温,船体含硫量高,船体中的铆钉和钢材出现了脆性断裂,巨大的冲击力导致船体变形和断裂。加上密封舱的设计缺陷只能让船在水平面上保持防水性能,因此,水很快就灌满了已经倾斜的船体,下沉速度比没有密封舱的船还要快,而这些密封舱本可以使水扩散，使船保持水平，本可以给乘客更多的逃生时间。如果船上有更多的安全措施，特别是救生艇，那么许多乘客就不会溺水而死。虽然当时"泰坦尼克"号上的救生艇数量符合规定，但这些救生艇实际只能容纳一半以上的乘客。在开航前，为使甲板区域更为宽敞，一整排救生艇被移走。更糟的是，当时可用的救生艇下水需要时间，而且每艘救生艇都没有坐满[2]，可以容纳40人的救生艇上只坐了12人。由于这些疏忽，只有32%的乘客幸存了下来。

"泰坦尼克"号沉船之后，造船业发生了许多变化，以减轻未来灾难可能带来的负面影响：同型号的船只重新设计了船体，如果密封舱被穿破，那么灌入的海水会分散开来，船体会保持水平，水不会在船舱顶部四处流动；船上也配备了足够多的救生艇，可以容纳所有的乘客；船只发射的火箭信号只能被解释为遇险信号和求救信号。（下沉的"泰坦尼克"号发射了一枚求救信号弹，经过的"SS加利福尼亚"号货船看到了发射的信号，但是将信号误认为是显示位置的身份证明或者是"公司信号"。）[3]冰上的巡逻船和飞机被用来监管广阔的海域，当然，还有对船体设计的若干修正案，其中就包括了现在著名的双体船体设计。

另一个悲剧发生在20世纪上半叶，1937年5月，"兴登堡"号飞艇在乘客家属、朋友和公众面前爆炸了。三十年来，飞艇旅行一直是一种奢侈而令人兴奋的消遣，但是"兴登堡"号飞艇的灾难终结了这一消遣。载有100名乘客和机组人员的飞艇进入暴风雨圈后，累积的静电和断裂电线或阀门导致氢气泄漏到通风井中，当飞艇降落在新泽西州时，氢气立即被点燃，爆炸导致35名乘客和机组人员以及地面上的一名男子死亡。这场悲剧被拍成电影并在世界各地播出，人们感到惊恐，再也没有人想乘飞艇旅行了，这次灾难标志着飞艇时代的结束。尽管还有一小部分飞艇在飞行，比如固特异飞艇和英国设计的集飞艇、飞机和直升机于一体的"空中着陆者"（Airlander），但是助飞的气体不再是氢气，而是不可燃的氦气[4]。

时间快进到20世纪80年代，1986年1月，在佛罗里达州卡纳维拉尔角一个寒冷的早晨，航天飞机"挑战者"号在发射73秒后爆炸。发射前，几位在航天飞机上工作过的工程师，以及美国国家航空航天局（NASA）的一些人就担心，地面寒冷的温度可能会影响固体火箭助推器周围的密封圈（O形环），因为太脆而无法防止危险气体泄漏。但是"狂热"的态度似乎影响了美国国家航空航天局的一些高层官员的思想，工程师们表明完全没有数据显示航天飞机可以安全起飞，但他们忽视了这一警告。在发射当天，一个O形环由于寒冷而脆裂，另一个O形环变弯，这就形成了一个缺口。这个缺口为危险的高温（5000华氏度）气体提供了一条畅通的通道。这个缺口随后被密封住了，但由于O形环的磨损和意外的风切变，导致了液氢和氧气罐爆炸。调查人员认为，爆炸发生后，整个机组人员都是存活的，他们的生命又持续了两分钟。在这两分钟内，机舱以不受控制的轨道进入太空，随后坠入海中。机舱比其他任何部分都要坚硬，爆炸后仍旧完好无损，但是它撞击到海面上的速度太快，以至于没有人或物能在撞击中幸存下来。包括计划在太空中教课的文职教师克里斯塔·麦考利夫（Christa McAuliffe），这七名人员的死亡是一场具有世界影响的悲剧。一些想推迟发射的地面工程师说，爆炸发生的那一刻，他们"就知道发生了什么"。[5]

这些经验教训是惨痛的。在本质上，这些错误是结构性的，在这次事故后，其他航天飞机的结构发生了变化。其他航天飞机机体上增加了另一个O形环，而且不会让航天飞机超载，也不再使用航天飞机来发射卫星了。在制度上也发生了变化：包括宇航员在内的一些人原本就担心，有些人不愿向发射控制小组通报情况。因此，实施的其中一项改革是发射控制小组将聆听工程师和宇航员关心的所有事情。[6]

无论如何，这是一次代价高昂的失败，没有人愿意再看到这样的事情发生，这导致了航天工业多个领域的彻底变革。

1986年，灾难性的国际失败仍在继续。同年4月，乌克兰切尔诺贝利发生了世界上最严重的核事故。核电站的工人需要测试四号反应堆中的涡轮机,他们必须先关闭反应堆的电源,然后再打开电源,但这一过程必须非常缓慢地完成。突然一阵电涌,以及随后紧急关闭系统的失灵导致大规模的爆炸。温度达到3632华氏度,这栋1000吨重的屋顶被炸毁,大火燃烧了九天,向全世界泄漏了前所未有的大量核辐射。

此后有数万人死亡,那些和该事故有关的人,那些随后的清理者(因为他们为了控制灾难的扩散而献出了生命,所以被称为"清理者"),那些生活在核电站周围的人,那些受到辐射的父母的子女——无数人直接或间接死于该事故的核辐射尘埃。

任何看过该地区纪录片的人都会知道,人类有能力通过自己的失败,彻底破坏自己的环境。官方预计大概需要两万年的时间,人类才可以重新在这个地区安全地生活,如果到时人类还没有以其他方式"清理"掉自己。

与此同时,切尔诺贝利核电站的大部分核燃料仍存在于为容纳四号反应堆而建造的石棺中,这个易碎的容器里存放了大量的废料。一些科学家担心,切尔诺贝利随时可能发生另一场核灾难。[7]

由于这次核事故,世界范围内的核电站建设大大减少。自切尔诺贝利核事故以来,全世界只剩下194座反应堆相互连接,而在事故发生前的32年里,有409座反应堆相互连接。

2011年日本福岛核电站发生熔毁和泄漏后,德国决定在 2022 年前逐步淘汰所有核电站，欧洲其他国家也大幅减少了正在运行的核电站的数量。[8]

可以想象，如果在未来几十年内有任何核灾难发生，人们会认为核电站的风险远远大于它的好处。

切尔诺贝利和福岛核灾难的影响表明，如果不能想象使用核能的后果，就可能意味着人类的终结。如果我们的物种无法生存，那么失败这个词，作为一个终极毁灭的概念，对应于我们是确切的。

进入 21 世纪，我们的一级失败完全没有任何放缓的迹象。也许是由于主流媒体和社会媒体的大量报道，现在灾难性事件的曝光可能更为频繁。"9·11"委员会提到，2001 年 9 月 11 日对双子塔和五角大楼的袭击是由"想象力的巨大失败"造成的。[9]

没人想到自杀式袭击的飞行员会劫持客机并把整个客机变成导弹。此前还发生过许多起自杀式爆炸事件，情报部门透露，美国在中东的外交政策引起了许多人的愤怒，而在"9·11"事件之前，对美国民众和标志性建筑的袭击也是近在咫尺的。之前在纽约世贸中心外发生的卡车炸弹爆炸和对美国驻肯尼亚大使馆的袭击，表明有很多人愿意去执行自杀式袭击任务。随后与奥萨马·本·拉登有关联的恐怖分子涉嫌在美国各地的小型机场学习飞行，联邦当局也注意到他们在接受飞行训练。[10]

在那悲惨的一天，机场安保系统彻底瘫痪了。十九名劫机者穿过人群和安检机器登上他们计划好的飞机，他们其中一些甚至携带了刀具。我们从这次失败中学到了什么？

机场和飞机的安全性已经成倍地提高了。但是如果失败是一种想象力，那么作为一个社会，我们可能没有足够丰富的想象力。如果一名采用自杀式袭击的劫机者在一架飞机上使用刀子，而另一名劫机者把炸弹装在鞋子里登上随后的飞机，即使他被截获，即使每个乘客都脱下鞋子进行全身扫描，下一次袭击也可能是意料之外的[11]。

因此，如果我们认为在过去的五十年里，世界没有变得更安全，那是情有可原的，因为这是媒体引发的一种幻觉。作家史蒂芬·平克（Steven Pinker）在《人性中的善良天使》（The Better Angels of Our Nature）一书中揭示了，不管我们在新闻中看到了什么，现代化和我们不断扩大的同理心是如何导致这样一个事实，即我们被另一个人类杀死的可能性比几十年或几百年前要小得多。

一级失败的经验教训

我们可以用一种务实的方法在一级失败中找到经验教训，并利用这些经验教训为我们的后代带来积极的结果。航空业是这种务实方法的缩影，因为现在安全的航空体系是建立在之前灾难基础上的。飞行员常犯的失误和飞机结构问题所导致的致命或者近乎致命的事故已经被指责多年。随后，在方案、飞行员培训、处理结构性问题或者维修故障方面做出了改变，这些改变带来了更安全的空中旅行。纪录片《空中浩劫》强调了这一方法，《黑匣子思维》（Black Box Tinking）这本书也将这一方法列为主题，作者马修·赛义德（Matthew Syed）坚持认为，如果医疗机构能像航空业重视空难那样对待医疗行业的一级失败，整个医疗行业就会发生变化。[12] 他引用了一些统计数据，这些数据会让人对医院望而却步，即使是一个很小的手术也不会轻易去医院了，因为因医疗失误而死亡的人数相当于每天都有两架巨型喷气式飞机从空中坠落，而我们还在因害怕恐怖袭击而惴惴不安！

因此，每当有人谈到失败时，我们必须将航空业作为一种榜样，以学会如何从一级失败中吸取经验教训并造福后代。举个例子，作家马尔科姆·格拉德威尔在他的畅销书《异类》中探索出一种"飞机坠毁的民族理论"，因为在20世纪90年代，比起其他航空公司，韩国航空公司飞机坠毁次数要高很多。这不是因为飞机的故障，或者是飞行员的失误，而是因为韩国文化有着强烈的等级观念，在这种情况下，副驾驶员不得质疑上级的决定。文化的影响和有限的英语沟通能力导致了一系列致命的坠机事故。格拉德威尔表明,当航空公司意识到自身的文化问题之后,公司通过飞行员培训改正了这一点。[13]该修正案慢慢地渗透到航空方面的通用培训中,现在,如果副驾驶员认为机长有错,航空公司鼓励他们积极主动地提出问题。

  航空领域从失败中吸取教训是人类进化的证明,证明我们如何利用一级失败和不幸来防止未来的重大灾难。

  佛罗里达州的一位医生最近告诉我们,她非常清楚自己作为医生对失败的态度,那就是对发生的众多医疗事故保持沉默。[14]与航空业不同,就像《黑匣子思维》里着重说明的一样,对医生来说,即使在最简单和最无关乎生命的问题上讨论失败这个问题,也是极其困难的。也许这种缄默跟医生的职业有关,因为当医疗工作者承认自己犯了一个严重的失误时,他的责任是巨大的。手术失败的医生还活着,而飞行员则会跟失事的飞机一起坠毁。致命的空难之后是人们的调查,并会试图理解是哪一部分的失误,如果是飞行员导致了这次空难,他也无法复活过来回答调查员的问题了。与之相比,医学界截然不同。

  当我们需要做手术时,我们通常会被要求签保证书,以保证不让医生和医院负责。因此,关于如何避免或预防灾难性医疗事故的讨论很少公开,尽管它们随时都会发生。

  最终,灾难性的一级失败在于,即使我们从过去的错误中吸取教训，让未来更加安全，我们也无法让逝去的人死而复生。

一级失败是无可挽回的。

在大多数情况下，一级失败是绝对的失败，也没有什么可以进一步解释的。人类是脆弱的，即使拥有世界上所有的保护措施，我们还是会受到灾难性的一级失败的影响，这是不可避免的。只要我们存在于这个星球上，人为灾害就会一直折磨我们。我们会学习和发展，今日的危险不再会给未来增加风险，但新的危机仍将出现，我们将继续承担新的风险。其中一些将以灾难告终，我们会因人为失误而失去同伴，这将影响到数百万人。

考虑到这一点，似乎有必要用现实主义者的眼光看待一级失败，因为这些灾难将永远是人类世界的一部分。我们该怎么做？

如果认为在各个领域拥有足够多的专业知识和足够细致的工作，我们就能够完全消除悲剧和灾难，那就太天真了。我们不能，因为我们都是凡人。所以在医学、航空、科学、技术和人类活动的每一条道路上，毫无损失地取得进步是一种幻想。

我们需要的是应对这些灾难的方法，这些方法能够让其他人、那些受灾的人在灾难过后重建自己的生活。在第十课中，我们将讨论在一级失败的影响下生活意味着什么，以及当这些灾难影响到我们的生活时该怎么做。

考虑到一级失败的严重程度，其他我们称为"失败"的事情都可以被重新命名、设计和想象了。在一个由试错法所推动的世界里，每天都会发生意想不到的事情。我们最好把自己从失败这个沉重的概念中解放出来，用更符合我们生活经验的东西来取代它，而不是背负那么多消极的包袱。

观点总结

- 重大灾难一直是，也将继续是人类进化的一部分。
- 一级失败是毁灭性的，但是得到的教训会造福世界：这是一级失败的价值。但是一级失败确实无法补救。
- 尽管媒体大肆宣扬我们处在更加危险的环境中，但我们确实比一百年前更加安全了。
- 我们无法阻止灾难发生，但是我们可以学会在如何在灾后生活。
- 其他所谓的失败都不是失败，它们属于意外结果的领域。

怎样看待一级失败

> 我们无法阻挡灾难对我们的影响。
> 当灾难发生时,我们可以尝试利用经验教训、领悟和做出改变。
> 我们可以审视灾后的生活,知道人类的意义所在。我们必须一步一个脚印地前进。
> 发生一级失败后,专业的心理咨询师可以帮助我们度过艰难的时光。

参考文献：

[1] 空中浩劫.国家地理频道.2003-09-03.电视连续剧.

http://www.national-geographic.com.au/tv/air crash investigation/

[2] 巴塞特，维姬.泰坦尼克号快速下沉的原因和影响 [A].本科工程评论.1998-12-02.

http://writing.engr.psu.edu/uer/bassett.html.

[3] 同上。

[4] 劳莱斯，吉尔.巨型充氦飞艇的首次起飞 [J].物理学杂志.2016-08-17.

https://phys.org/news/2016-08-giant-helium-filled-airship-airlander.html.

[5] 豪厄尔，伊丽莎白.挑战者号：改变美国宇航局的航天飞船灾难.2012-10-16.

http://www.Space.com/18084-space-shuttle-challenger.html.

[6] 同上。

[7] 切尔诺贝利发生了什么 [C]. 绿色和平国际组织, 2006-03-20.

http://www.greenpeace.org/international/en/campaigns/nuclear/nomorechernobyls/what-happened-in-chernobyl/.

[8] 比尔, 夏洛特. 切尔诺贝利灾难是否影响了核电站的建设数量? [N]. 卫报, 2016-04-30.

https://www.theguardian.com/environment/2016/apr/30/has-chernobyl-disaster-affected-number-of-nuclear-plants-built.

[9] 9·11 委员会报告 [C]. 国家恐怖袭击美国委员会, 2004-07-22.

http://govinfo.library.unt.edu/911/report/index.htm.

[10] 费纳鲁, 史蒂夫和詹姆斯·格里马尔迪. 联邦调查局知道恐怖分子在使用飞行学校 [N]. 华盛顿邮报, 2001-09-23.

https://www.washingtonpost.com/archive/politics/2001/09/23/fbi-knew-terrorists-were-using-flight-schools/377177b0-b632-429f-9a15-393c2256c2b4/?utm_term.

[11] 平克, 史蒂芬. 人性中的善良天使：为什么暴力会减少 [M]. 纽约：维京出版社, 2011.

[12] 赛义德, 马修. 黑匣子思维：为什么大多数人从不从错误中吸取教训, 但有些人却从中吸取教训 [M]. 纽约：Portfolio 出版社, 2015.

[13] 格拉德威尔. 异类 [M].

[14] 作者个人访谈, 2017 年. 为保护隐私已化名。

第三课　二级失败：没有达成目标的挫折

所有人都会经历二级失败。这是发明家、科学家、艺术家、工程师、作家和任何敢于冒险和努力的人的领域，无论是登上月球、穿越南极还是写一部小说，都属于这一范畴。

20世纪著名的二级失败

欧内斯特·沙克尔顿

这个著名的二级失败发生在100多年前。1914年，经验丰富的南极探险家爱尔兰人欧内斯特·沙克尔顿，率领27名船员乘坐"坚忍"号计划穿越南部大陆，他们被称为"皇家南极探险队"。[1]

探险家们还没有来得及踏上他们想穿越的陆地，船就卡在了威德尔海的冰中。

几个月后，冰和帆船向北漂移了 1000 多英里。最后，船承受不住来自冰的压力，破损并沉了下去。这 28 人开始在冰上露营，同时准备好救生艇，以备随时逃生。随后他们所在的浮冰开始破裂，是时候做出决定了。

最后他们分别乘坐三艘救生艇，徒步穿越冰冷的海洋到达象岛。这是一个寒冷、荒凉且无人居住的地方，温度经常低于零下 20 摄氏度（零下 4 华氏度）。沙克尔顿知道只有得到帮助他们才能存活，唯一接近象岛的船只是捕鲸船，而他们也很少出现。他们六个人组成的小团体决定暂时离开其他人。他们乘坐一艘翻新的救生艇出发，驶过开阔冰冷的海面来到南乔治亚岛，那里有一个捕鲸站，而捕鲸站意味着那里有人和潜在的救援船。在这次航行中，船员们经历了一些难以想象的事件。有一次，沙克尔顿望着黑暗的天空，看见一道白光从云层的缝隙中穿过，令他难以置信的是，他所看到的白光是一道正在向他们扑来的巨浪。船只和船员能在巨浪中幸存下来已经是一个奇迹了。另一个奇迹发生在接下来的几周里，使用太阳导航的领航员在这几周里只短暂地看到了三次太阳，但仍设法将船驶达了南乔治亚岛。大风和汹涌的海浪一次又一次把他们从岸边抛了回来，探险家们花了两天的时间才登陆。

他们在结冰的情况下徒步穿越南乔治亚岛，之后冒着摔死的风险穿过结冰的沟壑，然后爬下结冰的瀑布到达捕鲸站，然而真正的救援任务才刚刚开始。

在来自南美的大型船只的帮助下，沙克尔顿曾四次尝试到达象岛。尽管厚厚的冰层和恶劣的天气一直阻挡着他们，但最终他们还是到达象岛的海边，救出了几个月来一直在等待他们的队员。其中一人由于冻伤和随后的坏疽失去了左脚，船上的两名外科医生在岛上对他实施了截肢。除此之外，每一个人都幸存了下来。

这项任务在开始前就注定失败。这些人未能像他们计划的那样穿越南极洲大陆。

比穿越任何大陆都要深刻的是那些真正的奇迹，这些人在最可怕的条件下顽强地生存着，他们的使命是拯救自己和彼此拯救。

我们普遍认为这次航行是一次悲壮的失败，因为一些人计划穿越南极洲大陆但失败了。

事实真的是这样吗？从另一个角度来看，还有另一个现实。这是一次持续三年的冒险，揭示了人类在面对不可能的困难时所表现出来的生存能力。

这次旅行是充满极大耐力的奇迹。如果换一个角度，我们可以看到，尽管这些人没有达到他们最初的目标，他们却做了更伟大的事情。他们能够存活下来，是比穿越任何大陆更鼓舞人心的。他们没有失败。他们的旅程和成就远超过他们所想的。

阿波罗13号

1970年，另一个举世瞩目的所谓失败。

两天来，三名宇航员驶入太空，他们看着地球逐渐缩小，直到它看起来像月亮一样大，而真正的月球在他们面前无限放大。他们距离地球20多万英里（1英里≈1.61千米。——译者注），但是距离月球表面只有137海里（1海里≈1.85千米。——译者注）。

很快，他们就会创造历史。

突然，2号氧气罐发生了巨大的爆炸，宇航员小约翰·"杰克"·斯威格特的声音传到地面控制中心："休斯顿，我们遇到了问题。"[2]

一些迷信的人可能会认为13这个数字不吉利。"阿波罗13号"在进行第七次载人登月任务时，也就是在1970年4月13日突然处于严重危险之中。爆炸摧毁了2号氧气罐，随后导致对驾驶舱运行至关重要的服务舱失效。爆炸也对1号氧气罐造成了不利影响。著名宇航员詹姆斯·洛威尔回忆道：

> 1号氧气罐中的压力持续下降，从300磅/平方英寸（相

当于20个标准大气压。——译者注）降到200磅/平方英寸方向（相当于13.6个标准大气压。——译者注）。数月后，事故调查报告显示当2号罐爆炸时，1号罐上的一条管道破裂，或导致其中一个阀门泄漏。当压力达到200磅/平方英寸时，我们会失去所有的氧气，这意味着最后一个燃料电池也会耗尽。[3]

在那一刻，月球上的山脉距离"阿波罗13号"150英里，他们的目标离得如此之近，几乎可以接触到月球，但登月行动就这么戛然而止。高额的花费和巨大的努力在几秒钟内化为乌有。然而，对詹姆斯·洛威尔、小约翰·"杰克"·斯威格特和弗雷德·海斯来说，他们的注意力瞬间发生了变化。登陆月球已经不重要了，现在所有的想法都要与这个新的目标统一：安全返回地球。洛威尔在他的文章《休斯顿，我们遇到了问题》中描述了这段经历：

我的胃里翻江倒海，所有没能登上月球的遗憾都消失了。现在我面临的是生存问题。

当然，我偶尔也会想到，宇宙飞船爆炸可能会使我们永远困在地球的巨大轨道上——成为太空项目中的永久纪念物。但小约翰·斯威格特、弗雷德·海斯和我从未谈到过这些，当时我们正忙着为生存而奋斗。[4]

宇航员必须利用太阳来校准登月舱,他们还必须与地面上的工程师合作找到一种方法来处理二氧化碳的排放问题,这样他们就不会因为自己的废气而窒息。最后,他们模拟地球上的样板拼凑出一个二氧化碳去除系统。

杰克和我把它拼凑出来,就像拼装一架模型飞机一样。这个装置不太美观,但是有用。这个装置是即兴创作的结果,也是地面和太空合作的一个很好的例子。[5]

他们忍受着寒冷、脱水、睡眠不足的困扰,所有东西都即将耗尽。即使到达地球的大气层,他们也不知道能不能在穿过大气层时存活下来。

当飞船最终迫降在海面上时,他们完全不知道有10亿人在观看这一系列事件,而对这些人来说,这时失败的概念完全转变了,现在的失败意味着失去这三位宇航员。他们三人的聪明才智让他们都从这次事故中存活下来。

洛威尔写道:"我们活下来了,但是千钧一发。我们的任务失败了,但我认为这是一次成功的失败。"[6]

就他们预定的目标而言,每个人,甚至宇航员自己都认为这次登月行动是失败的。

如果我们改变一下视角,事实就变成人类依靠聪明才智求生的故事了。目标从登陆月球变成了安全回家。他们避免了灾难性的一级失败，并安全返回地球。这次任务并非失败，只是没有按预期完成。

科学和医学领域遭遇过的二级失败

有些人把失败当作一件好事来营销，但是我们这里是根据二级失败来把失败定义为好事的，而不是灾难性的一级失败。我们谈论的是航行、商业、科技、艺术和科学领域的探索和创新。从这个意义上说，失败似乎是一个不恰当的概念。我们正着眼于人类的努力，着眼于世界上的冒险，随之而来的是不可预测的结果。冒险家（无论是探险家、汽车制造商还是发明家）都有自己的目标，但他们很清楚自己无法预测结果。所以问题是二级失败是否应该被称为失败，因为有许多他们意想不到的结果可能会带来新的进展和想法。因此，当你只是在做试验时，失败就不是真正意义上的失败了。当你的意思是"坚持下去"的时候，佩戴着"常常失败"的徽章，这似乎有些不道德。从一篇关于埃隆·马斯克的文章中引用一句话："失败在硅谷被视为荣誉徽章。如果你没有失败过，说明你没有努力尝试。如果你没有从高处摔落过，说明你定的目标还不够高。"[7]

如果你把这些告诉那些在拼写测试中老是不及格的孩

子，或者那些飞机老是坠海的航空公司，后果将不堪设想。如此看来，失败并不是一个单一的概念。

让我们进一步了解一下在线支付系统"贝宝"（PayPal）的创始人、特斯拉的首席执行官，出生于南非的马斯克。有些人认为他经历了所有的失败（二级失败）。"即使按照硅谷的标准，特斯拉首席执行官埃隆·马斯克正在经历的也是一个全新等级的失败。"[8]记者马修·德博德指的是他的野心。2015年，特斯拉卖出了5万辆汽车。特斯拉公司早前承诺过，到2020年他们每年将生产50万辆汽车。现在，他们说这个目标提前至2018年实现。[9]并非所有的特斯拉员工都喜欢这个想法，也不是所有人都相信埃隆·马斯克能实现这一目标。他的座右铭是："当某件事对你来说足够重要时，即使成功的概率很小，你也会去努力。"[10]

如果他失败了，他会失去什么呢？钱？反正他不缺钱，而且他知道怎么挣钱。对他来说，"全新等级的失败"仍然只是在做实验。如果他成功了，他将成为一个如何在反对者面前挑灯夜战的榜样。

像这样潜在的失败是已经非常成功的个人和公司所要应对的挑战，谷歌、微软和苹果公司都可以应对这样的挑战。在这个领域里，你可以不断尝试新的东西，秘诀在于不被不理想的结果所困扰，并且不会厌倦这样的尝试。

这是"永不放弃""如果一开始你没成功，尝试再尝试"

的领域，这实际上与失败无关，因为这条路上的任何失败都不是致命的。为这些失败付出的代价是时间、金钱，也许还有骄傲，但从来不是人的生命。

让我们来看看在商业、科学和技术领域的一些努力和挑战，在这些领域中，所谓的失败确实是值得庆祝的，因为每一次"失败"都会让参与者离成功更近一步。这是令我们深受鼓舞的领域：我们自己设定目标；我们决定要做到什么程度，什么时候放弃以及是否放弃。如果失败了，没有人会死，也没有人会受伤。事实是"屡战屡败，越挫越勇"可以被看作特权阶层的座右铭，他们是已经在自己的领域取得成功的少数人，他们不会被曲折的实验结果和相关的风险因素所吓阻。

在科学和技术领域，"屡战屡败，越挫越勇"的神话展现得更加淋漓尽致。20世纪以来，我们一直相信科学的调查方法是建立任何主张和假设的基础的黄金标准。这是个试错的领域，我们可能会接受这个失败的概念，然后对它重新命名，因为这些事件根本不能被称为"失败"。这些二级失败是有许多意想不到的结果的探索。它们是人类大胆的开拓，许多前所未见的令人兴奋的新事物都由此产生。在这里，尝试新事物，就会得到一些现实世界中意想不到的结果。如果我们只专注于追求最初的目标和愿望，那么这些努力就是"失败"。如果我们关心的是在这个过程中发生的事情,我们就会惊叹于创新以及之前从未想象过的事情。失败作为一个概念在这里是可以消除的。如果我们学会了如何精彩地失败,事实上,我们就应该学会如何在意想不到的结果之下精彩地生活。

1928年9月产生了一个非常著名的与药物有关的意外结果。一个暑假过后,苏格兰生物学家、植物学家和药理学家亚历山大·弗莱明回到他在伦敦圣玛丽医院的实验室,并开始打扫实验室。他从一直在培养葡萄球菌的培养皿开始清洁,这种细菌一般存在于疖子、脓肿和其他疾病中。但是他忘了好好清理,因此培养皿中间长了一块霉菌。奇怪的是,尽管细菌长满了培养皿,这块霉菌周围却没有细菌。他意识到,霉菌产生的某种东西消灭了葡萄球菌。随后认定这种东西为青霉素,是第一种被鉴定出来的抗生素。在"二战"中,挽救了无数生命的神奇药片,竟然是一场事故的结果,是没有清理好培养皿的意外结果。[11]

我们不能想当然地认为有效的药物都是精心策划的实验结果,很多时候,事实并非如此。例如,伟哥的发明也是完全偶然的。

辉瑞制药有限公司想要生产一种药物(UK-92480),他们希望这种药物能够舒缓血管,减轻心绞痛的影响,因为收缩的血管阻碍了流向心脏的血液流动。不幸的是,这种药并不起作用。当辉瑞公司准备放弃接下来的试验时,试验中的男性汇报了一些不寻常的事情：频繁的阴茎勃起。辉瑞公司的高级科学家克里斯·韦曼发现，当他把阳痿患者的阴茎组织放在试管中并通上电流时，并不会有变化。但是当他在阴茎组织中加入伟哥后，他看到了"勃起反应的恢复"，那时他就知道他们有了重大发现。[12]

辉瑞公司于1998年出售了这种药物。从那时起，数百万男性的生活发生了变化。这是从挫折中获得成功，或者更准确地说，一个意想不到的结果给许多人带来了积极的影响。

一旦我们开始寻找和追求任何形式的成功时，我们就会酿成个人失败。一旦我们只将目光锁定在目标的结果上时，我们就错过了这个过程中存在的其他巨大潜力。虽然我们都相信，目标是让我们在这个世界上奋斗、发展的巨大动力，但目标设定本身就有一定的风险。

如果目的地真的比旅程更重要，并且我们把目光集中在目的地上，那么我们唯一的目的地就是到达生命的终点，而这并不现实。旅程中的每一步都可以是我们的目的地，每时每刻都是一次到达。我们有期待，有预测，有盼望。有时能成功，有时不能。通常，我们对这个世界的运作方式和我们遭遇的幸运与否都几乎没有控制权。

微波炉、X射线、尼龙搭扣和思高洁（皮革保护剂）都是偶然的发现。人们在做各种各样的事情时，一些意想不到的结果吸引了他们的注意。1952年，一名实验室助理在化学家帕齐·谢尔曼（Patsy Sherman）的研究中心工作，研究氟化物。她不小心把一瓶合成胶乳洒在自己的鞋子上，防污和防水的思高洁喷雾就问世了。他们想要去掉鞋子上的合成胶乳，结果没有成功。鞋子仍然是白色的，看起来并没有什么变化，水、油和溶剂对它没有任何作用。因此，思高洁（皮革保护剂）很快就开始出售了。[13]

那么，应对二级失败最好的方法是什么呢？我们知道在一生中，我们需要处理许多私密的、个人的，甚至是世界著名的二级失败。

这里有一个有用的想法：如果我们顽固地把注意力放在目标上，我们就不会理解人生是怎么一回事。

目标是极其重要的，可以使我们不断前进。如果我们可以将注意力同时放在我们的旅程和目的地上，我们的人生就会更加丰富。因为即使我们实现了一个目标，我们也不会对此骄傲太久，这是人类的本性。不久，我们就会设定新的目标并为之努力。因此在这种情况下，失败的概念是狭隘的，因为它唯一重要的标准是最终的结果，即净收益与某些标准相比较。但是，我们会因此错过旅途中潜在的其他事情。事实上，我们只知道人生充满不确定性，不受我们控制的力量会继续影响我们。这个故事的寓意是：当事情不如我们所愿时，我们还能够对周围的一切保持开放的心态，我们可能会发现这个过程中一些微妙的事情，而这些会给我们带来意想不到的价值。

我们一生的终极目标不是生命的终结。当我们走到生命的终点时，重要的不是我们有多少东西或者有多大成就，而是我们一生的经历。在许多关于"失败的价值"的书中，都有一种伟大的尝试，想要重新赋予"失败"这个词以正面的价值。不过，我们已经发现，世界并不是这样运转的。失败这个观念是社会的消极因素，作为一个社会，我们通常不庆祝失败。如果我们在销售或房地产行业工作，很难想象老板会说："我不关心你是否能实现财务目标，过程和结果一样重要。"在大多数情况下，失败是不会被鼓励的。如果实现不了财务目标，老板会不满，且不会轻饶我们。未能达到目标往往会导致合理的压力：我们可能会没有足够的钱来维持生活，或者有一个进取心更强的销售人员顶替了我们的工作。关键是，我们无法控制将来会发生什么，我们只能控制自己如何应对。我们必须改变对自己的看法，我们的个人经历不应该与我们的事业、努力和奋斗的物质成果有关，这个改变是一个重大的挑战。因为如果我们没能达成目标，老板可能会用失业来威胁我们。像沙克尔顿一样，我们是探险家，是我们自己人生的企业家。我们不断尝试，有时结果可能令人失望。因为无论是恶劣的天气、灾难性的工程，还是那些似乎决心让我们的人生变得艰难或充满挑战的人，外界的反对力量无处不在。

我们的个人经历具有内在的价值。我们不必失败得更多、更好、更快。具有讽刺意味的是，如果我们想在失败时表现出色，那么考虑将"失败"这个词从我们自己的思维中，从人类活动的丰富领域中，也就是所谓的"人生"中抹去就更有意义了。

观点总结

> 二级失败每天都会发生，因为人类在不断尝试。这些失败是我们应该意料到的意外结果。
> 一旦我们设定目标，并只着眼于目标，我们就可能失去这一过程中的巨大潜力。
> 如果我们把自己和试验的结果绑在一起，那么当我们得不到想要的结果时，我们就会觉得自己是个失败者。
> 无论结果如何，我们的个人经历都具有内在价值。

怎样看待二级失败

> 要明白目标是不断变化的，即使我们今天实现了目

标，明天我们也会为更大的目标而努力。
- ➢ 把每次尝试都当作一个实验。
- ➢ 接受人生的道路充满阻碍这个事实。
- ➢ "实验"的结果与个人的失败无关。
- ➢ 认识到人生更像是一次探险家的旅程，而不是一场赛跑。当结果不如人意时，不要把自己的努力当作无用的失败，而要生活得更加精彩、圆满。

参考文献：

[1] 福克斯，维维安爵士和埃德蒙·希拉里爵士. 南极穿越：1955—1958 年英联邦南极探险队 [M]. 伦敦：企鹅出版社，1965.

[2] 洛威尔，詹姆斯. 休斯顿，我们遇到了问题. 阿波罗月球远征 [M]. 埃德加·科特里特编辑，第 13.2 章.

https://history.nasa.gov/SP-350/ toc.html

[3] 同上。

[4] 同上，第 13.1 章。

[5] 同上，第 13.4 章。

[6] 同上，第 13.1 章。

[7] 德博德，马修. 埃隆·马斯克正在为一场伟大的失败做准备 [J]. 澳大利亚商业内幕，2016-05-09.

http://www.businessinsider.com.au/ musk-epic-failure-2016-5?r=US&IR=T.

[8] 同上。

[9] 同上。

[10] 佩利, 斯科特. 美国、中国、俄罗斯, 埃隆·马斯克: 企业家"疯狂"的愿景变成现实[N]. 哥伦比亚广播公司新闻, 2012-05-22.

http://www.cbsnews.com/news/us-china-russia-elon-musk-entrepreneurs-insane-vision-becomes-reality/.

[11] 1928—1945 年青霉素的发现和发展 [C]. 美国化学学会, 1999.

https://www.acs.org/content/dam/acsorg/education/whatischemistry/landmarks/flemingpenicillin/the-discovery-and-development-of-penicillin-commemorative-booklet.pdf

[12] 杰, 艾玛. 意外发现的伟哥和其他药物[N].BBC 新闻, 2010-01-20.

http://news.bbc.co.uk/2/hi/health/8466118.stm

[13] 谢尔曼, 帕齐: 思高洁防污剂的发明.Women-inventors.com.

http://www.women-inventors.com/Patsy-Sherman.asp

建议阅读材料：

1. 布罗伊宁，洛蕾塔·格拉齐亚.快乐大脑的习惯：重新训练你的大脑以提高你的血清素、多巴胺、催产素和内啡肽水平[M].马萨诸塞州埃文：亚当斯媒体，2016，12.

2. 抗菌素耐药性：应对国家健康和财富危机[C]. 2014年12月抗菌性研究综述.

https://amr-review.org/sites/default/files/AMR%20Review%20Paper%20-%20Tackling%20a%20crisis%20for%20the%20health%20and%20wealth%20of%20nations_1.pdf

3. 罗伯逊，伊恩·H.赢家效应：成功与失败的神经科学[M].纽约：托马斯·邓恩出版社，2012.

4. 萨波尔斯基，罗伯特.斑马为什么不得胃溃疡（第二版）[M].纽约：W.H.弗里曼公司，2017，6.

第四课　三级失败：被定义的挫折

"失败"是我们每天都会用到的一个词。我们漫不经心地使用这个词，并将其存在视作毋庸置疑的单一概念。在一个被金钱的成功逼得发疯的世界里，"失败"这个词会让人的脑海中浮现出终极失败者的形象，一个永远一事无成的人。然而，近期大量的研究文献告诉我们，失败是一件好事——如果你没有失败，你就没有参与其中。这是一个伟大的尝试，想要拯救我们脱离自己的幻想，却不是很有效，原因如下：不管那些知名企业家甚至是教育家多少次告诉我们，要坦然拥抱失败、敢于经常失败、失败得漂亮些，现实是，社会仍然会对失败嗤之以鼻。从我们的教育体系到法律体系，再到医疗体系，我们到处都在一个从 A 到 F 的评价体系中。得到 F 这样糟糕的成绩，你就失败了。

我们的世界建立在神经生物学的基础上，它推动着我们前进，创造了胜利者和失败者。因此，所谓"失败得漂亮些"只是"下次再努力"的委婉说法。它并不意味着"故意地一次又一次地毁掉你所做的尝试"。即便是"失败得精彩"这个概念，在措辞上也是自相矛盾的。

我们仍然将所有的失败都归结为同一类。在大多数情况下，不管那些书怎么说，我们还是会将这些意想不到的结果看成不好的事。人生一贯如此：计划没有变化快。用"失败"一词来概括那些不按计划发生的事情，这在我们称为"三级失败"的领域中尤其具有破坏性。三级失败完全是被我们创造出来的。

阿尔菲·科恩（Alfie Kohn）在《失败的失败》（The Failure of Failure）一书中写到，我们从失败中只学到一件事情——我们不喜欢失败，也不想重蹈覆辙。他认为，"有价值的失败"这一概念是资本主义工作伦理观的残留。根据资本主义的观点，在达成目标前必须经历痛苦："搞砸事情的好处被严重地高估。事实证明，成功的结果与先前成功的经历密切相关，而不是与失败的经历有关。"[1] 这是因为，虽然人们大肆宣扬失败是成功之母，但社会对失败的评判还是很严苛，将各种失败一概而论。

这很不幸。因为在许多方面，三级失败能够带来惊人的发现和启示，而这些发现和启示本身并不是失败。最初的目标没有实现，但是新的知识、新的想法、新的发现出乎意料地出现了。如果二级失败是那些引发新想法和新发现的大规模"失败"，那么三级失败就是个人的、我们为自己创造的、具有任意性的失败。我们要学会把二级失败当作成功的垫脚石，三级失败则是我们需要打破的错误观念。

我们对物质进步的痴迷，并不是让我们更长寿、更健康的秘诀。事实比这复杂得多。重要的是我们对事件的感受和反应。但是我们把这两者混为一谈，仿佛它们是同一回事。这个星球上有一群人，过着最长寿、最幸福的生活，它们来自日本冲绳的乡间和地中海的撒丁岛。[2]他们的饮食非常好，努力从事体力劳动，有着团体意识和目标感。而目标这个词，正是我们在这个追求成功的社会中所缺少的。我们的目标往往是得高分、赚钱、收集东西，这些都与我们最终的生存息息相关。我们确实需要足够的东西来维持生存，但是那些东西本身并不是目标——那种能够给我们带来持久幸福或长寿的目标。

所以，当我们谈论成功的时候，我们总是在讨论一种狭义的成功。我们或许可以用一个简单的想法重新定义成功，从而重新定义失败。

在追求进步和成功的过程中，我们发明了这种叫作"失败"的东西。在大多数情况下，它使我们无法得到我们想要的东西：健康、幸福、长寿。一个生活在美国、毕生追求名利财富的人，很可能在 42 岁死于心脏病发作。然而，一个在撒丁岛努力劳作的贫穷农民，享受人生，拥有朋友，充满目标感，有可能会活到 102 岁。[3]

最重要的是，三级失败是现代工业世界的流行病。我们可以大胆地假设，例如，如果我们把"失败"这个词从所有的三级失败中去掉，改成"意想不到的结果"，会发生什么？有什么会被改变吗？当然，对于像"阿波罗 13 号"任务和沙克尔顿的航行这样的二级失败，结果也是非常好的，如果完全没有预料到的话。他们从创新与协作的经验中获取知识，这些人类经验都是这些特定任务的意外结果。

重要的是，这同样也适用于三级失败。

令人失望的教育

教育是一个典型的例子，这些所谓的失败每天都萦绕在儿童和年轻人的生活里。

将失败进行分类，然后重新定义不同情境下的失败，可以将我们的社会引向新的思维模式——一种新的范式——并可能在许多方面带来积极的结果，这些结果会影响我们的幸福指数，更重要的是，它们也会影响我们的寿命。

理解了这一点，一些学校和高等院校已经取消了传统的评分制度。从根本上讲，这尤其适用于儿童，因为他们的发展和赛跑不一样。没有胜利者和失败者，只有旅行者，人们爬上不同的高山，寻找通向各自目的地的不同道路。在学校的大环境中，我们可以接受尝试和错误，如果不是按照及格/不及格的标准来评价打分，我们也不用担心结果。如果我们在每个年级的每门课上都采用一种循序渐进的方法——试错法，那么人们就能够展示真正的自我。我们可以使用科学的方法："试着将蒸汽排气口指向某个角度，使涡轮转动起来。如果涡轮没有动，我们可以尝试其他的角度，直到找到最佳位置。在这一过程中，没有哪一点是失败的，它们只是实验。这个角度不成，这个可行，但不如最后一个效果好。"

撰写论文也是如此："这篇论文里的一些观点很好，但是语言上还要再精练些。你可以探讨一下在战争环境中长大，如何影响到作者对作品题材的选择。这些是为下一稿提供的建议。"没有分数，只要你完成这件事，你就可以进入下一个阶段、下一项任务，因为你已经打好了必要的基础。你只需和自己竞争。当然如果你愿意，也可以和他人竞争，但你永远不会被贴上"失败"或"差等生"的标签。没有人会让你拥抱失败，因为根本就没有失败。如同爬山一样，你可以选择攀登到不同的高度。而在你身体非常健康且环境条件合适的情况下，如果你的目标是登顶，那么你就爬到顶峰。儿童的神经系统正处于快速发展的阶段，试错法可以培养他们的韧性。如果我们不从孩子很小的时候就给他们灌输"不值得"的感受，他们在将来就不会感到那么"可怜"或者"低人一等"。同时或许能够延长他们和我们自己的寿命。如果我们彻底将"失败"一词从三级失败中抹去，我们最终会影响到个体的神经模式和社会的整体反馈。如果我们想要以积极的方式改变我们的人生，那我们就需要对失败有更成熟的看法。

  这个场景可能很典型：想象两个18岁的澳大利亚人，贾斯汀和马克。他们的英语期末考试及格分数是50分。贾斯汀考了48分，因此他挂掉了这门考试并且需要补考。贾斯汀现在和马克的处境一样了，马克平时不学习并且只考了10分——但是显而易见，贾斯汀掌握了大部分知识。现在，贾斯汀感觉自己像一个失败者。下一场考试是语文，及格成绩被定为40分。在下场考试中，考48分意味着妥妥地通过了，而当贾斯汀得到这个分数时，他感到很高兴。尽管他和上次错了一样多的题，但他知道，他已经掌握了足够多的所需知识，不必再补考了。当然，出于一些考虑，教育或教学当局设定了一些标准。如，通过英语考试需要50分，其他考试则要达到40分。这些标准具有潜在的任意性，但贾斯汀在英语考试不及格后，被考试失利的挫败感困扰了好几个月。尽管贾斯汀只要多答对一题就能及格，且在其他方面都是一个合格的学生，他仍然很失落。如果他在考试结束后，立即重新再考一遍，他很有可能轻而易举地就拿到50分。这是因为，采用多项选择这一题型的考试，本身只是学生在某一天中某一时刻的快照，每次结果相差会很大，这一点是出了名的。[4]

而在附近的一所大学，蕾切尔正在攻读博士学位。她在提交论文时，会得到以下的三种回复之一：通过、小改后通过或者大改后通过。她被认定是合格的，或是即将合格的。她从未被打分，也拥有充足的时间来通过这个考试。学校、大学和整个教育行业能像这样运作吗？它们能成功吗？当然能。有许多案例表明其可行，我们稍后会逐一讨论。然而现实是，我们大多数人从上学的那一刻起，就开始被打分。我们的大脑很早就被定了型，会对那些指向"成功"或"失败"的线索产生反应。相应地，我们的身体也是如此。当我们在考试中得了A，多巴胺与睾酮的激增会使我们感觉自己赢得了人生中的一次激烈竞争。然而这样的体系是我们设立的，具有任意性，现在的成绩并不能真正转化为我们所期盼的：未来的经济成功、幸福和健康。及格线是由教育者（容易犯错的人）设置的，而不是由上天或宇宙。他们决定了成绩分为A、B和C，一项考试的及格线是40分，其他考试也许是33.3分。结果就是，很大一部分人会认为自己是个失败者，就像是一种无形的疾病。

查理今年 7 岁了，却还不识字。他的大部分同学都能阅读了，但他很难记住自己看到的是 B 还是 D，以及这些字母要怎么读。他根本记不住单词的拼写。

在连续一年或两年的考试不及格后，查理的大脑已经形成定式，他开始害怕考试，并认为自己是一个笨蛋、一个失败者。他将会带着这样的认知步入高中，甚至到了大学和工作的时候也无法摆脱。一切都归结于他现在是后进生中的一员，总是落后、总是失败，即使这背后的原因只不过是大脑的发育速度不同罢了——孩子们会在某一个时刻突然开窍，所以在一个班级中，最强的学生和最弱的学生之间，有整整六年的能力差距。

也许查理最后去了新罕布什尔州的桑伯恩高中，这是许多注重能力教育的学校之一。[5]该学校摒弃了用"字母"定级的成绩。老师们会给学生大量有用的反馈，并会发放给学生一份"形成性期望清单"，学生在交作业前可以对作业进行自主评估。而且学生们参与的项目，在时间上具有灵活性。照此，查理在桑伯恩的成绩单会是什么样子呢？他的成绩单再也不像原来一样充满 C、D、F 了，取而代之的是一系列关键能力，以及对查理是否精通某项能力的说明。如果他暂时还没有表现出该项能力，他也可以做一些事情去补救。对此，他有点惊讶，因为他发现自己竟然对大部分科目都很精通。由于只用了一个学期的时间就把自己的理解力提高到合格的水平，这使他信心大增。而在他需要帮助的领域，学校已经建立了完整的体系来支持他。最后，他的能力转化为 GPA（Grade Point Average，平均学分绩点），并成为他的最终成绩。[6]

美国的许多学院和大学都采用了这种方法，但这仍然只是一种例外，不是常规模式。[7]新佛罗里达学院、位于华盛顿的艾沃格瑞州立学院、俄勒冈州的里德学院都提供了各个领域内的能力本位学位：在具备必需的能力之前，你可以一直为之努力，直到完成任务并上交一份项目计划来展示你的所学。没有上交计划并不代表失败，只是代表你暂时没有项目而已。这是一种截然不同的评价方法——你不会被评分或者被评判，你所得到的反馈中也不会有任何耻辱的烙印。这证明了，我们观念中的学业失败，其实建基于一个具有任意性且完全不必要的范式。三级失败，是我们任意构建出的产物。

阿尔菲·科恩（Alfie Kohn）提出，分数有三种功能：

> 分数会降低学生的学习兴趣。"分数取向"和"学习取向"已经被证实，两者呈反相关——每一个关于分数与内在动机关系的研究……都发现前者对后者有负面影响。

> 分数会导致人们倾向于完成最容易且可实现的任务。成年人向（学生）传达了一种信息：成功比学

习重要。学生对此的回应就是：他们的目标只是得到一个好成绩。

➢ 分数往往会降低学生思维的质量。在一项实验中，两组学生共同参加一门社会研究课程。其中一组被告知，课程结束时将会根据学习情况对他们进行打分；而另外一组则被告知，课程结束时将不会用分数来衡量他们。与第二组相比，第一组在课文主旨的理解上存在困难。即使采用死记硬背的方法，一周后，第一组记住的知识点也要比第二组少。[8]

在最近一篇探讨澳大利亚学校考试主要问题的文章中，澳大利亚教育研究理事会——一家向学校提供考试资源并同时向政府提供建议的机构——首席执行官杰夫·马斯特斯（Geoff Masters）教授写道：

我们现行的学生评价方式存在一个重大缺陷。我们根据学生每个学年年底的总成绩，给他们贴上"好"或"差"的标签。在这样的情况下，学生们不清楚自己在这段时间内有没有进步。一个今年得D、明年得D、后年也得D的学生……也许会得出一个结论，那就是他的学习能力一直存在问题（他是一个"D级学生"）。这些学生中有许多最终会辍学。[9]

马斯特斯认为，现行的评价模式需要做出转变，要变得能够真正反映出孩子们在校期间取得的进步，这要比单纯给"A"或者"F"有价值得多。每个学年结束，有成千上万的青年在等待着成绩单，而那些写满"A"或"F"的成绩单，又让多少年轻人将自己视为"失败者"。

诚然，也有一些学生，尽管采取了"能力取向"的学习方式，仍然没有取得成功；即使花费了时间，也没能在阅读和数学方面取得进步。这些学生不是失败者。他们只是在学术标准上不合格，但在课堂以外的地方有着天赋。抹去"失败"的烙印，同样能够帮助这些学生。当我们取消成绩时，我们带走了随之而来的耻辱、竞争以及对失败的恐惧。没有必须到达的制高点，一切只不过是一次旅程、一项任务。对于那些一开始在能力上没有达标的学生，我们应该竭尽所能地帮助他们，给他们机会继续前行。当然，这也取决于学生本身。一些学业始终没有起色的学生，可能在其他领域有着更好的天赋。那么接下来就需要老师和支持人员去帮助这些学生找到合适的路，让他们可以凭借自己的能力脱颖而出。

本书的合著者谢莉·戴维德（Shelley Davidow）帮助过许多才华横溢但学习方面很失败的年轻人。她帮助这些人找到了传统学校教育之外的选择，比如进修非学术性课程，培养专业领域的技能和能力。她帮助过的学习方面最大的"失败者"之一，是一个初露头角的音乐家。这个音乐家在高中一年级时，根本交不出任何作业。针对这样的情况，谢莉鼓励他参加音乐领域的职业培训。他后来从事了录音工作，现在则以音乐家的身份谋生。另一个这样的学业"失败者"，在建筑领域取得了很大成就，现在的收入已经超过了他以前的老师们。这些孩子并不是失败者，他们只是没有从事学术的大脑或动力。当代社会需要的，不仅仅是一群爱因斯坦。

我们陷入了这种学业失败的误区之中——"在学校取得好成绩意味着有更好的机会进入一所好大学，意味着有更多的机会得到一份好工作，意味着有更好的机会获得财务的成功，意味着最终的幸福"——是时候打破这个误区了。事实上，即使只考虑财富和成功，这个等式也不成立。

来自哈佛大学的数学家托马斯·斯坦利（Thomas Stanley）在《百万富翁的头脑》（The Millionaire Mind）中揭示，学业成功与之后的经济成功之间没有相关性。成绩、SAT分数、是否作为优秀毕业生进行毕业致辞——这些都不重要。事实上，美国最富有的人中，有些是辍学的。学业有成并不预示着一个人在未来会成为百万富翁。[10]

此外，波士顿大学教育学教授凯伦·阿诺德（Karen Arnold）指出："一个人在毕业典礼上致辞，只意味着他在用成绩衡量时非常优秀。这并没有告诉我们他会如何应对人世沧桑。"[11]

那些让人受挫的情境

每一天，我们都有很多受挫的体验。社会让我们很难将个人失败的想法从我们的人生中抹去。尽管"失败"的体验是真实的，失败本身却是相对的。我们可以重新构想失败，让失败在我们的个人世界中消失。

我们的失败感是与环境和认知错综复杂地联系在一起的。举个例子：假设我们去看一场游戏秀，从帽子里抽出一张中奖的彩票，赢得了一万美元，然后拿着奖金离开，我们会觉得很棒。我们赚了一万美元，比昨天更富有了，这使我们觉得很快乐。但是，如果我们为了赢得十万美元而比赛，结果只得到了一万美元，那么我们可能会觉得很失败、很失落，尽管我们从来就没有拥有过那十万美元。我们对失败的概念往往与我们所面对的现实无关，而是依情况而定的。在第一种情况下，我们赚了一万美元。在第二种情况下，我们还是赚了一万美元。但是，在第一种情况下，我们像胜利者一样欢欣鼓舞；在第二种情况下，我们则像失败者一样垂头丧气。我们对失败的概念完全取决于我们如何编写剧本。

在《思考，快与慢》（Thinking, Fast and Slow）一书中，丹尼尔·卡内曼（Daniel Kahneman）探讨了我们的这种倾向,并强调了我们是如何一步一步做出某些特定的行为的。随着情境的变化,我们会感到失落或不满,这种感觉本质上就是情境化的。对失落的厌恶会促使我们去做一些不可思议的事情。比如,当我们出于对失落的恐惧而采取行动时,我们很可能会在购买房子上超支,或者即使赢得大奖也心有不甘,觉得想要赢得更大的奖品。[12]

我们对失败这一概念的理解,其实是非常个人化的。甲之蜜糖,乙之砒霜,一个人视作失败的东西,对另一个人来说可能意味着成功。想象一下两个人身处迥然不同的环境中:汤姆,一个已经昏迷了八个星期的人,终于能在房间里走6英尺(1英尺≈0.3米。——译者注)。这是一个里程碑,是巨大的成功。莎莉在最近一次去尼泊尔的探险中没能登顶珠穆朗玛峰,她感觉自己像个失败者。莎莉不会把汤姆的成就放在眼里,而汤姆也无法把莎莉攀登珠峰却未能登顶看成一次失败。

珍妮丝·布里奇斯[13](Janice Bridges)是我的一个朋友,她曾两次被诊断出癌症。上一次患癌期间,她陷入昏迷,每个人都来向她道别。她只有几个小时的生命了。她的家人,包括两个十几岁的孩子,都在她床边陪着她度过最后的时光。那一幕发生在五年前。她奇迹般地康复了,从死神的魔爪中死里逃生。然而几个月前,她发现胸部有一个肿块,第三次被诊断出癌症。肿瘤专家告诉她,她的癌症处于第一阶段，已经得到控制，不是之前癌症的转移。她做了手术，医生将肿瘤全部切除了。她再一次踏上了康复之路，充满了正能量。幸运的是，她说道，这次她得的是"良性癌症"。五年前她几乎死掉，所以当她看到第三次的诊断时，她难以置信地发现，这是一个可以战胜的挑战，而不是被宣判了死刑。现在请想象一下，一个一生都很健康，从未像珍妮丝一样经历过挣扎的女人，对一期乳腺癌的诊断将会有多么不同的反应。人们对失败的看法是相对的。

如果我们明白，失败不是因为我们做错事情而发生在我们身上的某些客观情况，我们可能就会意识到，不仅是别人在给我们挖坑，我们自己也在给自己挖坑。我们将自己与他人、与我们的期望和欲望进行情境化和比较，我们根据不断变化的期望给自己打分，并认为这些分数是永恒的。

2500多年前，释迦牟尼指出了一条真理：生活总是不可避免地辜负我们对它的期望，我们大部分的痛苦都来源于无法实现的愿望和无法达到的目标。然而他坚信，即使我们得到了我们想要的东西，这种满足感也不会持续太久，我们还会想要更多——不得不承认，时至今日，这些道理也是放之四海而皆准的。他给我们的补救方法是不执着于物质，不执着于欲望。他说，这样的话，我们就能减轻自己的痛苦。我们将在第九课对这个问题进行更深入的探讨，届时会从哲学和宗教两种世界观出发，讨论解决挫折的方法。

里奥·戈德堡[14]（Leo Goldberg）是加利福尼亚州的一名商人，已经辛勤工作了快三十年。最近，他破产了。他的合伙人背着他做了一些可怕的决定。随之而来的巨额诉讼费让他不得不接受一个事实：他努力工作然后退休的梦想彻底破灭了。

他当了那么多年的老板，现在却不得不开始找工作。他成了一名领薪水的雇员，虽然收入足够维持生计，却面临着这样一个现实——已经60岁的他，余生可能需要一直工作了。没有退休生活、没有退休金，他失去了自己做生意时所拥有的一切。

认识他的人都很担心他。他能应付得了吗？我们知道，在过去的职业生涯中，他每天工作17小时，经常一周工作六天，所有这些努力却得到了这样的结果。

但是里奥的态度非常有趣。一天晚上，我们在吃饭时问他最近怎么样，对这一切有什么想法，他笑了笑，又耸了耸肩。"朋友们，这就是生活。"他说道，"诚然，这很艰难。我曾有过辉煌的时刻，但最终如此我又能如何呢？现在我有一份工作，也可以享受周末。人生苦短，不要让这些东西打倒你。虽然我被迫改变了计划，改变了梦想，但至少我还在这里，我还活着。这才是重要的。"

我们可以想象出，他也许会对这种不公的处境大发雷霆，想要报复那个让他遭受了巨大损失并毁掉了他一生的合伙人。

但他并没有这么想。

以这样的方式破产，这个结果是他不喜欢、不想要，也没想到的。里奥承认了这一点，然后他开始全力重建自己的人生，在喜欢做的事情中找到快乐，而不是将自己套牢在过去发生的事情中。他永远无法找回失去的东西，但他并不觉得自己是一个失败者。他选择这样想：他明白自己已经定下了目标，生活却向他抛来一堆他无法掌控的东西。他说："你不得不忍受这些。"这并不是说他不再热爱他毕生的工作和梦想了，而是他知道，现在除了尽全力过好每一天，别无他法。

人际关系是另一个我们评判自己和被人评判的领域。社会设置了规范和期望，然后我们与之比对，看自己是及格还是不及格。但这只是另一个评分系统罢了，这只是一个概念。

当我们进入一段关系并最终结婚时，我们就莫名其妙地接受了这个等式：维持婚姻等于成功，离婚等于失败。这些都是狭隘的标准。尽管我们知道这在本质上是不对的——对很多人来说，维系一段关系远远不如摆脱它，我们仍然常常被周围人的期望所束缚。

劳拉·詹姆斯[15]（Lara James）是洛杉矶一个著名烹饪节目的制作人。在她33岁时，和她约会的那个男人向她求婚了。那时,她面临着巨大的压力,因为她的朋友们都已经结婚生子。所以,当他向她求婚的时候,她采取了自己认为需要的行动。她说:"他是个心不在焉的人。他向我求婚,我真是受宠若惊,我想我可以把他变得更专心、更脚踏实地。"

两个月过后,她的祖父去世了,她想要去东海岸和家人在一起,她的丈夫却不肯和她一起去。她又一次觉得他心不在焉,也不在乎她的丧失。那天晚上,发生了一些事情。

那是一个诡异的夜晚。我很早就上床休息了。夜里十一点半的时候,我醒了,感觉祖父好像就在房间里。我感觉他在说有什么不对劲儿。他说:"你清醒一点,这不是你该有的生活。"我睡不着了。我的心跳开始加速。后来我才发现,那天晚上,趁我不在城里,我的丈夫出轨了。过了几个月,他告诉了我那天都发生了什么,而且笃定我不会离开他。他认为我会把离开他或者离婚看成一种失败——我太理想主义了,即使他做了很糟糕的事情,我也不会离开他。我花了好几个月的时间才想清楚,意识到自己不应该陷入这样的处境中,就仿佛我的祖父告诉我不要做这样的牺牲。但在那段时间里,我都感觉自己非常失败……我想知道当初我怎么会这么目光短浅——屈服于那些压力——我已经34岁了,需要解决人生大事。对女人来说,结束一段关系很难像男人一样被我们的文化所接受。我没想到我的婚姻会这么失败……

但在最后，我意识到：我对失败的恐惧大过了我实际的幸福。这是我最大的教训。在经历了那段"失败"的婚姻后，我下定了这样的决心：50岁之前不再谈恋爱，或者干脆不再和任何人在一起了。我太害怕了，无法认清一段关系的本质。

劳拉被丈夫的阿谀奉承所迷惑，她天真地以为她能够改变丈夫，这个不切实际的幻想使她陷入了难以为继的困局。

当你被一份令人惊喜的工作机会所诱惑，情形也是如此。当你想到每天上班、下班，考虑到这份工作是否能够让你过得充实、快乐时，也许一切看起来就不那么美好了。外界的诱惑蒙蔽了我们。现在看来，那种把自己关起来的保护机制——50岁前不谈恋爱，可能才是失败的。因为，当我对爱情不感兴趣，或者不再寻找爱情的时候，爱情却以一种纯洁、奇妙的方式进入了我的生活。我现在和一个特别棒的人在一起，很快乐，也很感激曾经发生的事情，因为我现在能够非常清楚地认识到，离开这段婚姻并不是一次失败。看到我们为了逃避失败，会做出什么事情来，即使我们知道那是一条不幸的路，这让我很吃惊。

如果人生，包括婚姻，是一场旅行——其实确实如此，我们每天都在经历新鲜的事情，我们就应该知道，随时都可能有意想不到的结果迎向我们。

改变游戏规则

在这个世界上，我们唯一能确定的是，变化是不可避免的，我们是变化的一部分。目标会改变，意图也会改变。即使我们实现了自己的目标，我们也会很快产生新的目标、新的愿望。

三级失败是我们自己和社会强加到我们身上的，老板们要求我们业绩达标，教育者们要求我们的孩子成绩合格。

最近，在澳大利亚昆士兰阳光海岸大学（University of the Sunshine Coast）的一节向学生介绍出版业的创意写作课上，有22名学生和1名访问作家被问到这样一个问题："在什么时候，你会认为自己是个成功的作家？"

一名学生回答说："当我写完我目前的手稿的时候。"

学生二："当我的小说被接稿的时候。"

学生三："当我在一家大型书店的书架上发现我的书的时候。"

老师："当我可以靠写作为生，不需要通过教书来糊口的时候。"

最后，访问作家说道："当我的书卖出电影版权，银行卡里有几百万美元，而我坐在泰国的海滩上喝鸡尾酒的时候。"

所以，对第一个学生来说，失败就是她从未写完手稿。

第二个学生的失败，是她的小说从未被出版机构接受。

第三个学生的失败，是他从未在一家大型书店的书架上找到自己的书。

老师的失败，是他从未能够以写作为生。

而对访问作家来说，失败就是他的书从未卖出电影版权，也没赚过几百万美元，更没有到泰国的海滩上为这些成功干杯。

在这种情况下，失败是因人而异的。更重要的是，这些学生关于失败的观念很可能会随着他们的进步而不断进化。写不完手稿的那位学生将来也许会想要发表小说，发表过小说的学生可能会想要拿奖，如此等等。这是因为，归根到底，追求、提升和实现是人类进化的特征。所以，我们需要高度意识到，在我们的人生中，失败的定义是不断变化的。如果我们注定要失败，那为什么不失败得精彩一些呢？

在理想的情况下，学校和大学最终会将"失败"这一概念从教育行业里抹去。房地产公司的 CEO 会肯定某位表现不佳的房产经纪的潜力，并为其提供改进方法，而提供改进方法不意味着这个人本身是失败者。不过，这种乌托邦式的状态不太可能很快实现。因此，我们作为自由思考的个体，有能力书写自己的故事，要把事情掌握在自己手里。我们无法控制这个世界在做什么，但我们可以控制自己如何应对这些所谓的"三级失败"。

那么，当世界无情地将我们分为两大阵营——成功者和失败者时，我们该如何采取行动，以求保护自己不受到来自失败观念的伤害呢？

我们可以做的第一件事，就是把生活中不愉快的事情看成一项任务。我们一起来想象一个最糟糕的状况：

你是一名房地产经纪人，你的工作要求你每天必须拿到30条销售线索——这是你无法改变的。你的老板浑身带刺，给每个人都施加压力。她总是偏爱你那个销售业绩极高的成功同事，对你稍微逊色的销售业绩则嗤之以鼻。你有什么选择？

你可以离开，但你也许无法很快找到其他工作。

你可以留下，接受自己是一个失败者，因自己的无能而自责，认定自己一文不值。

或者你可以开始寻找另外一份拥有适合你的企业文化的工作。与此同时，你可以选择不接受自己是个失败者的想法。你获取商业线索的能力，并不能反映出你是一个怎样的人。如果你明天开始从事一份完全不同的工作，这个问题也不会跟随着你。因此,你完全有自由选择不去相信自己是一个失败者。寻找销售线索不是生活的重点。学会与浑身带刺的老板相处,当她诋毁你的时候,选择相信自己,寻找更好的工作……这才是生活的重点。现在你的新任务是利用这种环境来让自己变得更强大,更能屈能伸,即使你拿到的销售线索还是少得可怜。

当我们能够做到这一点时,我们就能够摆脱困境,不必害怕外界对失败的评判,接着我们就能找到方法来解决那些不想要的结果。我们会把自己从社会强加给我们的"失败"中解放出来。我们可以不再受成功和失败的评判标准的束缚,让自己自由地生活。尽管这是一段艰难的旅程,一路上充满压力,前途未卜,但它可能让我们展示出真正的自己——我们不需要每天用 30 条销售线索来告诉自己,我们作为人类是有价值的。

观点总结

➢ 三级失败的界限是我们自己构建的。

➢ 三级失败本质上具有任意性。

➢ 失败感与情境和认知息息相关。

➢ 当我们被看成失败者时,我们会为之付出很高的情感代价。

> 当我们把思维从"我是个失败者"转变为"我虽然没有实现某个职业/个人目标,但我作为一个人并没有失败"时,这些失败的力量就会消散。

怎样看待三级失败

> 拒绝你是个失败者这种认知——你的个人价值与成绩、收入或事情的结果无关。
> 摆脱那些将人们困在两个虚幻概念(成功和失败)之间的价值观,将自己从那些狭窄的定义中解放出来。
> 花时间和真正重视你的人相处,改变谈论自己的方式,避免对自己做负面评论。
> 用一个本子记下他人给你的每一个赞美或肯定,并经常翻阅。

参考文献：

[1] 科恩，阿尔菲．失败的失败 [N].2016-06-23.赫芬顿邮报，2017-02-26.

http://www.huffingtonpost.com/alfiekohn/the-failure-of-failure_b_10635942.html.

[2] 比特纳，丹．蓝色区域：从那些最长寿的人身上学到的长寿经验 [J]．华盛顿特区：国家地理，2008.

[3] 普兰，迈克尔，詹尼·佩斯，路易莎·塞拉瑞斯．男性与女性寿命一样长的人：撒丁岛的斯特里塞利村（Villagrande Strisaili）[J]．衰老研究杂志．（2011）:153756.

https://www.ncbi.nlm.nih.gov/pmc/articles/PMC3205712/.

[4] 施特劳斯，瓦莱丽．单项选择题的真正问题 [N]．华盛顿邮报，2013-01-25.

https://www.washingtonpost.com/news/

answer-sheet/wp/2013/01/25/the-real-problem-withmultiple-choice-tests/?utm_term=.5f2df75fb240.

[5] 纳尔逊, 莎林. 新罕布什尔州学校推出了基于能力的学习模式 [N]. 华尔街日报. 2013-01-23. 2017-02-26.

https://thejournal.com/articles/2013/01/23/newhampshire-schools-roll-out-competency-based-learning-model.aspx.

[6] 斯特吉斯, 克里斯. 提高桑伯恩地区高中的标准 [J]. 胜任力工作, 2014-03-19. 2017-02-25.

http://www.competencyworks.org/understanding-competency-education/6269/.

[7] 诺埃 - 佩恩, 马洛里. 没有成绩, 就没有问题: 一所高中如何改变学习方式 [J]. 美国公众电台新闻, 2015-06-18. 2017-03-14.

http://www.pri.org/stories/2015-06-18/no-gradesno-problem-how-one-high-school-transforming-learning.

[8] 科恩, 阿尔菲. 反对成绩的案例 [J]. 教育领导力, 2011, 11. 2017-03-14.

http://www.alfiekohn.org/article/case-grades/.

[9] 马斯特斯，杰夫.重新思考我们应如何评估学校的学习 [J]. 对话.2017-02-06. 2017-03-14. http://www.theconversation.com/rethinking-how-we-assess- learning-in-schools-71219.

[10] 斯坦利，托马斯·J.百万富翁的头脑 [M].堪萨斯城：安德鲁斯麦克米尔出版社，2001.

[11] 约翰逊，史蒂夫，马特·默里.告别致辞中毕业生们对自己能成为第一名保持着清醒的认知 [N].芝加哥论坛报，1992-05-29. 2017-03-14. http://articles.chicagotribune.com/1992-05-29/news/ 9202170890_1_salutatorians- valedictorians-study.

[12] 卡内曼，丹尼尔.思考，快与慢 [M].纽约：Farrar, Straus and Giroux 出版社，2013.

[13] 珍妮丝·布里奇斯.作者访谈，2016 年 12 月.为保护隐私已化名。

[14] 里奥·戈德堡.作者访谈,2017 年 1 月.为保护隐私已化名。

[15] 劳拉·詹姆斯.作者访谈,2016 年 12 月.为保护隐私已化名。

第五课　思维定势：传统成功逻辑的内核

很多极其有名、极其成功的人对失败津津乐道。在一次题为"失败主义者"的 TED 演讲中，畅销书《偷书贼》的作者马克斯·苏萨克说："作为作家，失败一直是我最好的朋友，它测试你是否有看穿失败的能力。"他认为，一旦我们承认失败，它就能推动我们前进。"失败会克服我们的不安全感和恐惧感，使我们变得更好更强大，这就是成功的意义所在。"[1] 他认为我们不会总是成功，失败是个好老师。但他自己是一个金融、物质和艺术方面的成功者，他是站在成功者的立场上说这番话的。

人们经常听到名人发表关于失败的鼓舞人心的演讲，其中最具影响力的是世界闻名的《哈利·波特》系列的作者 J.K. 罗琳。她发表的演讲可能是全世界最著名的关于失败的演讲之一。她在 2008 年哈佛大学毕业典礼中致辞，并回顾了自己的人生以及自己曾经彻底的失败：

最终，我们每个人必须自己决定失败的概念，如果你不注意，这个世界就会将一套失败的标准灌输给你。因此我认为，可以说，以任何传统的标准来衡量，在我毕业仅仅七年的日子里，我的失败达到了史诗般空前的规模。一段极其短暂的婚姻破裂了，我成为失业的单身母亲，除了流浪汉，我是当代英国最贫困的人。当年父母对我的担忧，以及我自己对自己的担忧，现在都变成了现实。按照惯常的标准来看，我也是我所知道的最失败的人。

现在我不打算站在这里告诉你们失败是有趣的。那是我人生中的黑暗时光，我不知道自己将会有后来媒体所描述的童话般的结局。我不知道这条隧道还有多长。很长一段时间里，隧道尽头的任何一丝微光都只是希望，而不是现实。[2]

维珍集团创始人、企业家理查德·布兰森写道：

从我记事起，我就一直在失败。事实上，我失败的时间比这还要长——在学会走路之前，我小时候摔倒过很多次。这种模式一直延续到我的成年并成为企业家，我已经学会并热爱这一过程的每一步。[3]

我们已经提到过亿万富翁埃隆·马斯克，他在本书写作时已拥有大约 120 亿美元的净资产。他完善了他所说的"成功地失败"的艺术。马斯克于 1971 年出生于南非，他父亲是工程师，母亲是模特，当他还是个孩子的时候，他喜欢读书而且很害羞，结果他在学校里经常被欺负。那些日子对他来说痛苦不堪。但当他 17 岁搬到加拿大时，情况发生了改变。他开始认真地研究技术，最后和他哥哥一起创业，创办了一家名为 Zip2 的线上版黄页公司。

作为一个平行企业家（同时投资多个创意），他已经几次处于危险的边缘。他至少有两次被踢出自己创建并作为首席执行官的公司，他被董事会从 Zip2 除名，因为他们认为他缺乏经验，无法带领公司走向未来。但他还是保住了自己的股份，并在这家公司被卖掉时赚了 2200 万美元。

他还被踢出自己创建的贝宝公司（Paypal），随后他在特斯拉（Tesla）和 SpaceX 的投资成功之前，也一直在金融全面崩溃的边缘徘徊。2008 年，第一个私人出资赞助、可重复使用液体燃料的火箭成功发射挽救了 SpaceX。2012 年，完成了第一次由私人出资、成功飞往国际空间站的航天飞行之后，SpaceX 变得更有发展前景。

美国国家航空航天局最终投资 SpaceX 数十亿美元，使马斯克和 SpaceX 免于破产，并使他成为创新人才集团的领军人物。他的失败和潜在的失败以压倒性的成功告终，大大增强了他的雄心壮志，并为他带来更多的创新和成功。这就是他愿意冒险的原因，而在普通旁观者看来，这些冒险似乎是不可能实现的梦想。[4]

因此，他对失败的认知是非常有趣的，显然他也活出了自己所说的样子："如果某件事对你来说足够重要，即使你没什么把握，也要努力去做。"或者："失败是一种选择。如果你还没有失败，那只能说明你的创新还不够。"[5]

物质世界里的失败

这些关于失败的引述旨在鼓舞人心，激励我们，让我们对人生中各种不如意的事情感觉好受一些。但是，看看这些谈论失败的人，根据财务、社会和物质的标准，他们是成功者的缩影：他们才华横溢、富可敌国、名满天下。他们从一个与众不同的立场上提出失败的概念，根据马尔科姆·格拉德威尔在《异类》一书中的深入研究，这些人物质上的成功是才华、坚忍和运气的集合。[6] 不可否认，对这些人来说，他们的"失败"作为达到成功的手段是非常有价值的。他们所谓的失败只是通往成功之路的垫脚石，因此，他们是在特别有利的情境中、在特别有利的立场上理解这些失败的。

如果 J.K. 罗琳在 12 家出版商拒绝《哈利·波特》之后就放弃了，如果马克斯·苏萨克（Markus Zusak）仍然是一个床下有着积满灰尘和废品的 500 页手稿，在图书榜上名列中游的作家，如果理查德·布兰森爵士没有克服那些障碍，如果埃隆·马斯克从未走出南非，他们对失败的看法还会一样吗？我们永远也不会知道，因为除非你"成功"了，否则没有人会听你讲故事。名誉和财富给了人们一个可以被听见、被看见的平台。我们之所以对这些成功人士所谓的挫折感兴趣，是因为他们极其成功，而且我们认为，也许他们有什么成功的法则可以应用到我们自己的生活中。我们认为模仿他们的某些行为和方法可能使自己成功，把我们从平庸的人生中拉出来，使我们有机会成为少数精英中的一员。如果这些人没有成功，我们就不会认识他们，也没理由对他们的话深信不疑，更不会对他们的失败故事感兴趣。

接下来所说的绝不是要诋毁 J.K. 罗琳的奋斗过程，但是在英国，接受福利救济的单身母亲何止成千上万？她关于失败的言论似乎谴责了这些单身母亲，并使我们认为她们的奋斗都是失败的，除非她们成为身价亿万的作家！[7、8]这对大多数人来说都是不可能的，她是百万人中的一个。因此，当我们被她的失败演讲激励时，失败时的负担也会大大增加。我们认同成败二分法，这使我们大多数人很难重视自己的奋斗——不是因为奋斗最终能够引领我们走向成功，而是因为奋斗塑造了我们。我们被诱导去相信，拥有巨大的财富能够让人生变得更有价值。从J.K.罗琳的成功来看，她认为自己在《哈利·波特》系列出版之前正常且平凡的生活是一个巨大的失败。因此当其他人寻找榜样和英雄时，他们把这些成名史当作隐喻。我们会认为，她曾经很穷，她曾经是个失败者，但是现在她非常富有，我也有可能这样啊。但很可能情况并非如此，然则如何，难道其他人就注定要把自己的人生视为失败？

关键是，如果这些人没有取得巨大的成功，他们就不会被注意到。尽管我们愿意倾听他们谈论挫折，也愿意把他们当作我们的榜样，但我们必须知道，当他们谈论失败的时候，他们根本不是真的在谈论失败。用托马斯·爱迪生的话来说，他们谈论的是"一万种"行不通的方法，当然，最后还是行得通。[9]

只要我们还活着，即使我们认为自己失败了，我们也不知道下一步是否会有来之不易的成功，使得前面所有的挫折都变得有意义。即使事情并没有按照计划完成，但如果像沙克尔顿的航行和"阿波罗13号"的任务一样，没有达成目标但有幸生存下来，我们就不能因为这件事不符合社会成功的标准，就贬低我们的人生或失去我们的使命感。

罗琳、布兰森、苏萨克和马斯克的挫折跟大多数普通人的挫折不一样。的确，在成功之前，他们每一个人都经历了挫折、意料不到的结果和失望，但回想起来，他们可以说，这些都是他们最终成功的垫脚石。他们没有奋斗太久，他们全都在 30 多岁的时候就有钱有势了。他们并没有为了生存而终生都在艰苦奋斗。他们没有耗尽自己的精力，也没有长期得不到回报，从而使自己受到输家效应的影响。他们所说的"失败"这个词更符合"挑战"的意义，他们迅速而华丽地赢得了这些挑战。

所谓的成功

美国梦是建立在这样一种哲学基础上的：只要你下定决心去做，你就可以做成任何事情。有很多人下定决心去做却没有成功。很多人花了足以成为天才的一万小时去做一件事，却从未有幸带来巨大的物质财富。如果我们生活在地球上，这种情况对我们来说是常见的。

我们保证，肯定还有其他作家可能和 J.K. 罗琳一样优秀，还有其他企业家很可能像埃隆·马斯克一样创意满满、坚持不懈，但我们永远不会知道他们的存在。这些人不够幸运，没有在正确的时间遇到正确的人，也没有得到使他们成为举世瞩目的焦点，并使他们名利双收的机会。又或者也许他们做到了，却被其他人掩盖了。也许他们的创意被偷了，也许他们的贡献改变了世界，自己却一无所获。这就是我们生活的世界的真相。

从逻辑上讲，不可能 70 亿人都登上社会金字塔的顶端。我们不断地被灌输成功与失败的神话。我们被要求去相信：

> 当人们拥有金钱、名望和权力时，他们就是成功的。
> 我们都想要并配得上这种成功。
> 如果我们真的下定决心去做，我们的辛苦和奉献终将得到回报。
> 物质成功是人类的终极目标。

生活告诉我们，这并不是真的。

生活告诉我们，我们在失败－成功模式之外运转。我们寻求超越收入、权力和名誉之上的意义和使命。我们重视健康，没有健康我们就无法生存。我们重视人和人际关系。

但是我们一直靠成功与失败的故事活着。我们特别信奉的神话有：我们都应该拥有越来越多，越来越好的物质、名望或权力，只要努力工作，下定决心，我们就会得到这些回报。事实是，有时候会，但通常是不会。

也许这就是值得一说的地方，失败这个概念是我们虚构的，是一个故事。我们可以打破这个神话，写出一个新的故事。

考虑到这样一个事实，把我们自己放在成功－失败的连续体里，将会创造出数十亿对自己不满的人。现在让我们来看看那些本来可以出名却没有出名的人。

肉毒杆菌

自 2002 年以来，肉毒杆菌已经成了最著名的注射用化妆品，在美国每年有超过 600 万人使用肉毒杆菌来消除或淡化皱纹。我们都知道肉毒杆菌这个名字和它的作用，但在它成为皱纹消除神器之前，肉毒杆菌毒素被用于治疗各种肌肉痉挛，尽管大剂量的肉毒杆菌毒素会因干扰神经信号而导致肌肉瘫痪。加拿大内科医生简和阿拉斯泰尔·克鲁瑟斯夫妇使用这种毒素来治疗患有眼疾的病人，在治疗过程中，他们注意到患者面部上半部分皱纹的消失，眉头皱纹迹般地消失了，现在这个小组以一种全新的方式帮助病人。但是他们没有为肉毒杆菌申请化妆品方面的专利，简说："我错过了一笔巨额财富，但多年来我们在患者身上使用肉毒杆菌的经验最丰富。"[10]

简和阿拉斯泰尔可能错过了他们潜在的财富，但他们从其他方面得到回报：他们使病人自我感觉更好，因此他们的生活和工作充满意义。从成功/失败的角度来看，他们没有利用好潜在的资源，现在有其他人攫取了这部分利润。如果在晚宴上提到肉毒杆菌，每个人都知道你在说什么，但是当提到简·克鲁瑟斯时，保证会迎来一阵沉默或迷茫的眼神，但克鲁瑟斯夫妇并不在乎这些,他们接受了关于所谓的成功和失败的另一个故事。

我们认为名人和成功人士,以及现代生活和文化元素的存在是理所当然、毋庸置疑的。但是每件事物背后都有一个故事——人物、梦想、尝试和错误。有时不管一个想法有多绝妙,不管我们对其如何了如指掌,如果发明者没有获得巨额财富,那么我们就容易忘记他们。他们也许没有赚钱,也没有出名。他们仍然是失败者吗?又或者是他们的想法丰富了我们的生活呢?

超人的诞生

超人这个偶像的成功是众所周知的。从20世纪30年代到2017年,有谁没听说过超人的诸多化身?谁要是创造了"超人",那他肯定是过去90年中最成功的人之一,对吧?然而,超人的创造者杰瑞·西格尔和乔·舒斯特去世时负债累累,他们一生中大部分时间都陷在法律纠纷之中,试图将超人品牌申请专利。他们的努力是成功的,因为超人在21世纪家喻户晓,但他们个人没有从他们的创作中获益。

从一开始,他们的努力就被失败所困扰。西格尔和舒斯特在1933年创造了"超人",并在西格尔自己的粉丝专刊

《科幻小说3》中发表了一篇短篇小说《超人的统治》。一开始效果并不好,所以他们把"超人"改成了我们今天认识的人物,并花了六年的时间寻找对"超人"感兴趣的出版商。第一家感兴趣的出版商是合并图书发行商,但这家公司在签订合同之前就倒闭了。尽管如此,他们仍然坚持寻找。最终在1938年,"超人"出现在国家联合出版公司(后来成为DC漫画公司)的《动作漫画》封面上。

他们并不知道在接下来的90年里,超人会变成一个价值数十亿美元的产业,西格尔和舒斯特以130美元(相当于现在的2000多美元)的价格将版权卖给了国家联合出版公司,并签署了一份为期十年的合同,为《动作漫画》创作故事。卖断自己这一举动,使他们终生追悔莫及。

十年后的1946年,为了重新获得超人的版权,他俩起诉了出版公司,认为出版公司剥夺了他们的作品,但他们败诉了。纽约州最高法院裁定所有权利归DC公司所有,包括标题、名称、文字和概念。随后,舒斯特和西格尔的署名在超人漫画中被删除。[11]

1967年,西格尔试图为自己的创作版权提起诉讼,超人的版权再次成为争议的话题。尽管在那之前,西格尔一直在为DC公司工作,但他还是被解雇了。1975年,他俩公开抗议DC公司,最终他们每人获得每年2万美元(后来变成3万美元)的终身津贴。DC公司还承诺,以后有关超人的商品都会有他们的署名，但他们仍然觉得自己没有得到应有的财富和名誉。

西格尔曾为 DC 公司的竞争对手漫威漫画公司（Marvel Comics）工作过一段时间，为阿奇漫画公司（Archie Comics）、查尔顿漫画公司（Charlton Comics）、英国喜剧《狮子》（British Comic Lion）和意大利的《蒙达多里伊迪多》（Mondadori Editore）工作过。1986 年，DC 漫画公司邀请他创作一篇关于超人的故事时，他拒绝了。他于 1996 年去世，去世时还是没有获得他应得的荣誉。

与此同时，舒斯特日益恶化的视力意味着他不能再靠画画谋生了，他成了一名送货员，讽刺的是，有传言他曾经送货到 DC 漫画公司大厦。贫穷、负债累累，舒斯特于 1992 年去世。他去世后，DC 漫画公司偿还了他未付的债务，前提是他的亲人不再挑战 DC 漫画公司对超人的所有版权。然而，1999 年，他的遗孀和女儿提交了一份版权终止声明，另一场关于超级英雄版权的斗争开始了，这次的对象是时代华纳。2006 年，她们又一次发起了对《超级小子》的著作权诉讼，以失败告终。

许多超人的粉丝相信西格尔和舒斯特是受害者，这些残忍的漫画公司抢走了他们的著作权，他们的失败是由这些公司造成的。其他人则认为这是他们自己的失败，因为他们没有预见到自己创作的人物的潜力，以极低的价格出售了版权。但就创作本身来说，超人是一个漫画产业最好的成功故事，三代人以来，超人已经催生了漫画、电影、电视剧和周边产品。这两个人失败了，非常悲惨，也非常精彩地失败了，但他们的遗产留存了下来。尽管两位创作者早已失去了一切，他们去世很久之后，超人还是给人们带去了安慰和鼓舞。超人版权争夺失败的本质是值得深思的，我们要认识到，可能有数百万创作者的努力被别人恶意抢夺或销毁了。尽管对创作者来说，结果是毁灭性的，但我们不能说超人没有什么价值，或者说创作者的努力终究是徒劳。他们没有获得自己认为应得的认可，但他们的创造性努力改变了我们的世界。

值得一提的是，杰瑞·西格尔创作超人的初衷并不是为了名誉、财富或更高的名利，而是为了利他主义和同理心。

是什么在（20世纪）30年代早期促使我创造了超人？是因为听闻了德国纳粹镇压和屠杀无助的犹太人的事情，也看到了被踩躏者遭受折磨的电影，我很想以某种方式帮助被压迫的人民。当时自身难保的我能够怎么帮助他们？答案就是超人。[12]

要打破名人灌输给我们的失败神话，我们就必须打破成功的神话。就像杰瑞·西格尔创作超人的动机并不那么广为人知，却是对 20 世纪早期恐怖大屠杀的创造性回应。

我们不应该只是经济个体，仅从少数专家那里得到启示，而这些专家自认为找到了成功的秘诀，并觉得他们有权告诉大众。有许多名人在成功之前就失败得很精彩，但我们能够认识他们的唯一原因是他们的成功。也有许多人没有成名，却对我们的世界产生了巨大的影响，这些人也失败得很精彩。

然而，这些故事还是有机会在成功和失败的神话之外被看见。这是人类不断试错的故事。我们把这些故事标记为成功和失败，我们只给最顶端的人发言权，使社会变得更加不公平。西格尔和舒斯特才是我们大多数人的缩影，而不是站在顶端的 J.K. 罗琳和埃隆·马斯克。

观点总结

> 当名人向大众发表关于失败的演讲时，他们都已经成功了。

> 很多人有绝妙的创意和发明，这些创意和发明并没有被看到或得到回报，即使他们所做的工作一点也不比他们的著名同行少。

> 不是每一个人都能站在社会金字塔的顶端——这在

逻辑上就是不可能的。

> 帮助他人有不可估量的价值，比如用漫画鼓励和安慰儿童、帮助他人树立信心。这些慷慨的行为能给我们精神上的满足，不管有没有金钱的回报。

怎样看待成功

> 允许自己受到成功故事的鼓舞，但是要探索自己在世界上存在和工作的深层动机。

> 尽管你已经尽了最大的努力，你还是没有丰厚的银行存款和响亮的名声，请不要自责。学会在没有这些东西的情况下生活，会使人变得强大。

> 想象一下你和超人的创作者共进晚餐，你会如何向他们描述他们的作品在世界上的价值。

参考文献：

[1] 苏萨克，马克斯. 失败主义者 [EB/OL].TED Talk，悉尼，2014-04-26.

https://tedxsydney.com/talk/the-failurist-markus-zusak/

[2] 罗琳，J.K.：失败附带的好处和想象力的重要性 [N]. 哈佛公报.2008-06-05.

http://news.harvard.edu/gazette/story/2008/06/text-of-j-k-rowling-speech/.

[3] 布兰森，理查德.把失败变成成功 [EB/OL]. 维珍集团，2017-01-05.

https://www.virgin.com/richard-branson/turning-failure-into-success.

[4] 沙阿，维什鲁特. 埃隆·马斯克与成功地失败的艺术 [EB/OL].Yourstory.com，2016-06-28.

https://yourstory.com/2016/06/elon-musk-failure/.

[5] 德奥弗罗,吉利安.亿万富翁埃隆·马斯克的16条天才语录 [J].澳大利亚商业内幕.2013-11-05.

http://www.businessinsider.com.au/best-elon-musk-quotes-tesla-2013-11?r=US&IR=T#on-government-licensing-we-have-essentially-no-patents-in-spacex-our-primary-long-term-competition-is-in-china-if-we-published-patents-it-would-be-farcical-because-the-chinese-would-just-use-them-as-a-recipe-book-8.

[6] 格拉德威尔.异类 [M].

[7] 福布斯亿万富豪榜:由于慈善捐赠,J.K.罗琳跌出亿万富翁榜 [N].赫芬顿邮报.2012-03-15.

http://www.huffingtonpost.com/2016/12/13/forbes-billionaire-list-rowling_n_1347176.html.

[8] J. K. 罗琳还记得自己卑微的出身,她通过慈善机构捐赠了大量的钱,并与需要帮助的女性一起工作,这使她跌出了《福布斯》的亿万富翁榜,但这并不妨碍她继续向那些贫困的人捐款.

[9] 弗尔,内森.失败是如何教会爱迪生不断创新的 [J].《福布斯》,2011-6-9.

https://www.forbes.com/sites/nathanfurr/2011/06/09/how-failure-taught-edison-to-repeatedly-innovate/#598cab4d65e9.

[10] 世界上最流行的线和皱纹注射背后的历史 [EB/OL]. 哈雷医疗集团, 2013-9-24.

https://www.harleymedical.co.uk/news/the-history-behind-the-worlds-most-popular-line-and-wrinkle- injectable#sthash.vywiLFho.dpufof

[11] 迪安，米迦勒. 一个非常有市场的人：对超人和超级小子所有权的持续斗争 [J]. 漫画杂志 .2004-10-14，263.

[12] 安德雷，托马斯，戈登·梅尔. 西格尔和舒斯特的喜剧演员：第一个犹太超级英雄，来自超人的创造者 [M]. 华盛顿州：汤森港：Feral House 出版社, 2010.

第六课　僵化的思维：传统挫折逻辑的真相

我们在第五课所探讨的失败和成功的神话，其实是基于这样一种不靠谱的想法：我们都注定要获得物质上的成功，那些没有成功的人是工作不够努力，没有尽到应尽的义务，或者没有做到一些"成功"人士曾经做到的事。

我们建构了一个故事，在这个故事中，我们的人生应该按照既定的路线发展，如若不然，那就是我们的失败。但愿我们——本书的两位作者——已经找到足够充分的理由去质疑这个假设。我们现在知道，我们不能毫无保留地相信名人或成功人士所谈论的成功，我们不必赞同这样的谬论，即物质上的成功/失败是衡量我们存在的尺度。

对大多数人来说，生活无疑是不公平的。根据乐施会（Oxfam）瑞士信贷全球财富报告显示，世界上最富有的1%

的人所拥有的财富相当于其余 99% 的人所拥有的财富总和，包括地球上最贫困的一些地区。[1] 这意味着在各种情况下，形势对普通人而言都是不利的。如果你足够努力，你就会获得超乎想象的财务成功——这只是一个神话。不屈不挠的精神，加上非人力所能掌控的好运气，才使得我们中的极少数人走上人生巅峰。这种事情没什么公平可言。如果你出生在非洲马拉维或布隆迪——世界上最贫困的国家——的一个村庄里，你在攀登众所周知的物质财富阶梯时，显然就处于劣势。在世界范围内，我们都相信这样一个神话：只要我们做对了，每个人都有机会获得成功。事实上，我们没有平等的机会。当然，还是会有人把自己从这种大环境下的绝望中拉出来，开始去攀登那些阶梯，然而绝大多数人做不到。这是一场赌博。世界上大多数人都面临着这样的困难，我们大多数人都无法取得超乎想象的物质成功。我们会失败很多次，而且这些失败往往不是成功的前兆。在这个故事中，无论我们多少次将失败说成一件好事、将失败描绘成勇敢的企业家驶向辉煌成功的一次航行，抑或是在各个书店里塞满成千上万本关于"更好地失败"的书——我们都是在买一本小说，小说将精英梦贩卖给普罗大众，他们将永无休止地投入出人头地、取得成就、变得伟大的竞争中去。在学校、职场和家庭中，随处可见三级失败不断累积所带来的影响。

所以，我们该怎么办呢？

对我们很多人来说，当事情进展得顺利时，我们会想："感谢上帝。"甚至"上帝原来真的存在！"当事情进展不顺时，那就是我们自己的错了——我们不够努力。这种观点让我们觉得自己不值得、配不上，那些坏运气是对我们做错事的惩罚。我们有能力改变的，正是这个观点，即使我们能够接受那些最坏最惨的事情会发生在最善良的好人身上。

现实生活中的挫折

我们是被驱使去追求成功的，因为在最原始的层面上，成功代表着生存。

此时此刻，让我们留一些空间给这个星球上数十亿尚未获得财富、名声或权力的人，去了解他们的故事和想法。比起我们从许多著名成功人士那里得到的启示，他们也许能够给我们带来一些更加明智、更有帮助的启示。

妮科尔·福尔曼[2]（Nicole Foreman）是一名心理学在读博士生，一年前她还住在圣地亚哥。在她的博士项目结束时，她必须申请并完成临床实习和住院医师实习。关于实习，给全体学生的建议是申请至少 15 个项目，以保证得到一些面试机会。她写道：

那时，我还住在圣地亚哥，在海滩上有一个漂亮的家。七年来，我几乎每天都能看到太阳从海面上落下。我的家人就住在附近，男朋友的家人也住在周围。他的家人经常来访，有时甚至会和我们住一段时间。朋友们也经常来看我们。所以，我虽然申请了这些实习项目，却只申请了九个。我努力寻找可以申请的实习项目，因为我希望最终能留在圣地亚哥。在圣地亚哥有一个实习项目，也是我唯一感兴趣的项目。当面试邀约出来的时候，我收到了所有项目的面试邀请，除了圣地亚哥！我马上意识到，如果我选择完成博士学业，我就无法继续留在圣地亚哥生活。当我面对那些得知消息的人时，我感到很尴尬，尤其是对那些鼓励过我的人。他们曾经这样跟我说："你当然能够拿到圣地亚哥的面试！你当然适合那个项目！"同时，我觉得自己让大家失望了，尤其是想让我留下来的家人。我感觉对不起我的男友，他从圣克鲁兹来到圣地亚哥，只为了和我在一起。我不知道如果离开圣地亚哥，他会不会做出和当初一样的选择。那时，我经常在日落时分沿着海岸线长跑，边跑边哭，还把日落的场景拍下来。最终，打击感渐渐消失，我接受了我即将搬离的事实。我不喜欢这个现实，但也不想与之抗争。我决定，既然我与圣地亚哥不再紧紧相连，那我就可以选择任何一个在此刻最吸引我、最令我向往的地方，继续前进。我参加了那些面试，认真关注每一个细节，从项目特点到当地的人、文化、环境、地理情况，再到自己面试时的感受，还有到达当地时的感受，等等。最终，我选择在普罗维登斯的布朗大学完成学业。它是我调整心态后的第一选择。

感到紧张、悲伤和尴尬都没有关系。我认为，太多的羞耻感与这些感受相连，进一步放大了这些感受。对于这些感受，其他人似乎会感到害怕或不舒服——我从来没有和别人分享过我的体验，也许是因为我觉得他们不懂得如何回应，而我也会感到自己不被认可。然而，也许和他人分享这些感受，其实是有价值的。也许与他人分享这些感受——悲伤、紧张或尴尬——能够帮助减轻与之相连的耻辱和羞愧。此外，通过分享这些感受，其他人或许会更乐意处理这些感受，并以一种有效的方式做出回应。不管怎样，在这种情况下，我很高兴自己接受了搬家的事实，也很高兴自己努力去充分利用这件事。我想，另一种可能的反应，就是坚持留在圣地亚哥，中断读博，或者选择一个距离圣地亚哥尽可能近的普通项目。这种重新思考的方式以及走出舒适区继续前行的意愿，给予了我从未有过的自由。如此地自由！

妮科尔虽然是一名优秀的学生，但起初并没有得到她迫切想要的东西。起初，她无法忍受离开圣地亚哥。当她意识到在家乡实习是不可能实现的，她一下子就能够专注于自己下一步需要做的所有重要事情。这就是天赋：应对日常失败和意外结果的智慧。在这种不希望出现的结果中，其实蕴含着一个绝佳的成长机遇。她不仅要和自己的失望做斗争，还要和他人的反应做斗争，因为她担心别人的反应会让她觉得不被认可。然而，她重新审视了自己的观点，使自己得到了自由。

我们无法消除自己身上根深蒂固的进化驱动力，我们总想找到某个地方，去取得"成功"。从名人的失败中吸取教训也许会激励我们，却不能保护我们远离大多数人必须面对的现实。我们不可能都能赚到十亿美元，或者得到我们想要的一切。我们不可能远离疾病、丧失和不想要的结果。但是，一次所谓的失败，其价值可能在于，我们放弃了只接受特定结果的狭隘想法。在妮科尔的情况里，就是接纳那些令人意想不到却有着重大意义的事情。

如果我们通过变化的视角重新审视当今世界关于"做一个失败者"的陈词滥调，我们可能就会得到一些令人惊讶的领悟。

20世纪20年代，贝莎在俄亥俄州的一家孤儿院度过了她的童年。她的父亲雅各布（Jacob）来自立陶宛，是一个一贫如洗的难民，几乎不会说英语。他最初的梦想是成为音乐会的一名小提琴手，但是由于受到迫害，他逃离家乡去了美国。作为一个初来乍到且不会说英语的人，他拼尽全力才能勉强糊口。最终他找到了一份小贩的工作，到处售卖各种零碎的东西。他娶了美丽的埃塞尔,有两个孩子——贝莎和迈耶。当两个孩子一个10岁,一个7岁时,埃塞尔就死于肺炎。当然,更准确地说,她是死于贫困。因为她的病是可以治愈的,但他们负担不起治疗的费用。妻子去世后,他发现自己带着两个年幼的孩子孤独地生活在这个世界上,他别无选择。他不可能既当小贩,又当孩子们的父亲,所以他把他们送进了孤儿院。

他在一个新国家开始新生活的梦想并没有成真。他终生都在勉强度日,只能在别人的公寓里租一个房间。在他去世时,他所有的积蓄都充公了。孩子们在孤儿院的照看下长大,当贝莎22岁时,一个南非男人看过她的照片后决定娶她。他向她求了婚,而她在没什么可失去的情况下,在收到他的第三封信后就选择了接受。1938年2月,她乘坐"贝伦加里亚"号离开了纽约,途经伦敦,去往南非。她在海上漂泊了一个多月,心里充满了希望。逃过了经济大萧条和中西部的严寒,她以为自己将在阳光明媚的南非开始新的生活。她盼望着自己能过上美好的生活,希望自己能够安全、舒适、有人照顾。

但是,麻烦在那里逐步向她逼近:大批南非黑人无家可归并被剥夺了公民权,他们正在奋起反抗。当贝莎结了婚、安定下来并有了孩子之后,南非开始出现动乱的迹象。

贝莎的儿子们在南非种族隔离制度下长大。当时白人政府控制着人口占多数的黑人，社会生活每天都受到暴力和动乱的影响，而贝莎经历了这场动乱。有一次，她被小偷袭击，他们把她打昏并扔在那儿等死。他们从她的钱包里偷走了50美分。她的儿子鲍勃曾经试图带她一起移民，但失败了。她的孙子孙女，最终都逃离了每天充斥着暴力的南非。她则和小儿子一家住在一起，直到他们受到暴力犯罪的影响并逃往以色列。她一贫如洗，随后和大儿子鲍勃住在一起，最终在一家老人院度过余生。在人生的尽头，她失去了她的过去，失去了在美国的所有好朋友，失去了她的故事，失去了她年轻时熟悉的一切。她希望和梦想中的精彩、安全、成功的生活，并没有实现。她的孙辈们都去了海外。贝莎的人生，从很多方面来看，都与她父亲的人生相似。她的人生没有像她年轻时所梦想的那样展开。她在80多岁时去世。她的人生充满了连绵不绝的挑战和破碎的梦想。

然而……

我们能说雅各布和他女儿的人生是失败的吗？

如果我们用物质财富来衡量人生，那么，他们的确没有取得任何显著的成就。

这几代人遭受了巨大的经济和个人损失。雅各布没有赚到钱，他的女儿贝莎没有赚到钱，贝莎的儿子鲍勃也没有赚到钱，尽管他们都是聪明、可爱且善良的人。雅各布、贝莎和鲍勃在这个世界上没有留下任何明显的痕迹，他们的人生仅在贝莎所写的信件和日记中留下微弱苍白的回声。2012年，贝莎的孙女谢莉（shelley）——这本书的合著者，在一个盒子里发现了那些信件和日记。

2016 年，贝莎诞辰一百周年之际，关于她和雅各布生平的传记体回忆录《世代相传的低语》由澳大利亚昆士兰大学出版社出版[3]。谢莉写出这本书，用以纪念她的难民祖先们的生活，并将自己和读者以及各地移民的生活联系起来。现在，这个家族的旅程和生活在全世界范围内被分享。

自 1938 年起，贝莎便一直保存着自己所有的信件和日记。当 2014 年，谢莉开始描绘祖先们的奋斗时，她意识到自己的人生其实是贝莎人生的一个回声。写这本书不仅治愈了一代人的创伤，也治愈了个人的创伤。因为，在跨过五大洲、经历一百年的寻找后，雅各布、贝莎和鲍勃的后代终于在澳大利亚找到了家。自出版以来，这本书广受好评，粉丝纷纷来信，雅各布、贝莎和鲍勃的人生与奋斗感动并改变了读者。一位制片人表示，有兴趣将这本书拍成电视剧。

"这本书改变了我，"一位读者写道，"它很美。我爱上了贝莎。读她的故事，让我十分珍惜我自己的祖母。"[4]

雅各布、贝莎和鲍勃没有渐渐消失在人们的视野中，而是成为一个个拥有勇气和爱的角色，激励着当今的读者——这是一个意想不到的奇迹。

贝莎和家人的移民生活，让读者对移民经历产生了共鸣。在雅各布漂洋过海的一个多世纪后，他和他的子孙后代在一个他无法想象的未来中，得到了陌生人的喜爱。这些充满挣扎的生活，在过去与将来都是有意义的——这些意义与经济上的成功无关。

我们衡量事物和量化人生的方式，还有很多地方尚待改进。我们对重要事物的强调，创造了我们赖以生存的那些期望和规则。我们无法看到那些贯穿于我们人生中的深层意义，也无法将自己与那些真正重要的事物联系起来。

我们已经接受了一套物质标准，并不断地使用这些标准去衡量事物，同时也被这些标准所衡量——尽管我们许多人都知道，这并不是人生的全部。我们知道这个道理，但我们并不相信它，也很少有人依据它来生活。

就我们对失败的所有假设而言——正如许多名人和富人所描述的那样，成功与获得财富和物质有关——雅各布、贝莎和鲍勃无疑会被称为"失败者"。

然而，在21世纪，他们的人生给成千上万的读者带来了启示、悲悯、欢乐和愉悦。我们必须学着从一个更广阔、更明智的视角，来看待我们的人生故事。

金钱不等于幸福

我们需要一定数量的金钱来维持生存,负担我们自己和家人的衣食住行和教育费用,以及在突发情况下支付医疗费用。毫无疑问,有钱会让这些事情变得更容易。拥有的金钱低于一定数量(因货币购买力差异,各国的情况有所不同),人生就是一场关于生存的艰难斗争。在美国,我们甚至有一个神奇的数字,它标志着一个分水岭:在2010年,丹尼尔·卡内曼和安格斯·迪顿(Angus Deaton)分析了约45万份盖洛普幸福指数(Gallup-Healthways Well-Being Index)的调查问卷。每天有1000名美国人被问及他们的情绪健康和生活总体评价。

卡内曼和迪顿发现了一个数字:75000美元。当家庭年收入在75000美元以内时,拥有更多的钱可以让生活变得更轻松,人们会更加快乐。但之后呢?"然而在当代美国,超过75000美元的年收入既不能让人们体验幸福,也不能消除他们的不幸或者压力。"[5]

似乎一旦我们赚到了75000美元,我们对世界的体验便在很大程度上取决于我们的态度了。如果低于这个数字,我们对生活就会产生较低的评价。当事情出错、伴侣离去、健康出现问题时,我们情绪上会十分痛苦。在这一数字之上,我们对生活的评价会变高,我们认为自己的生活更有价值、更美好,但我们并不快乐——感受到的压力也没有变小。换句话说,我们不可能花钱买到超过某一个定值的幸福(这一定值是 75000 美元)。

在此基础上,让我们先把关于个人失败的旧观念暂时记在心里。我们也许会画一条线,说:"好的,如果你赚到 75000 美元以上,你就万事大吉了,你就成功了,你是个成功人士。不要再抱怨了,改变你的心态。"

但是,我们需要考虑以下三种现实情况:

1. 在卡内曼和迪顿进行研究时,美国家庭的平均收入为 71500 美元。当时的美国,只有三分之一的家庭收入超过 75000 美元。这意味着有三分之二的人群收入低于卡内曼和迪顿的神奇数字——75000 美元的理想收入。

2. 我们很快就会适应自己所拥有的一切——这个事实影响着我们。即使我们得到了加薪或升职,幸福感也只是暂时的,新的数字很快会变得"正常"。

3. 如果三分之二的美国人无法达到情绪幸福感的基本收入水平,那么他们——这是大多数人——就会觉得自己像个失败者。他们对生活的评价会很低。

因此,虽然我们会对 75000 美元或 85000 美元感到满意,但无论何种情况,我们都无法维持升职加薪所带来的良好感觉,因为我们很快就会开始寻找下一个需要攀登的阶梯。

然而，即使三分之二的美国人对生活的评价很低，我们也要记住这一点：卡内曼和迪顿在他们的研究中指出，那些赚得更多的人似乎"享受小确幸的能力下降"。[6]因此，一旦你变得超级富有，你就很难再像生活刚刚富足时那样，从生活中微小的事情中得到乐趣了。换句话说，无论赚多少钱，我们都可以试着去做一些事情。我们可以建立一种自我意识，一种与我们赚钱的能力无关的使命感。这种方法虽然不能解决我们的所有问题，却能在一定程度上让生活变得更容易。

一旦我们赚到能够满足我们一切需要的75000美元，我们对"富有"的感觉、我们对生活的评价方式就会变得主观，而且高度依赖周围环境。如果每个人都住在海边的小窝棚里，我们就会和隔壁的那个家伙一样感觉良好。如果我们的邻居拥有富丽堂皇的房子和大型游泳池，我们就不会对一间小砖房有很高的评价。无论我们实际上拥有多少东西，我们都会觉得穷。

如果我们批判性地审视自己，审视社会上那些广为接受的行为和规范，我们就能够做出改变。这种改变可能会影响我们的幸福，甚至是寿命。

于我们而言，不幸的是，衡量人生成功或失败的标准受到了媒体炒作的影响。那些媒体7×24小时地宣扬越多越好，无法获得更多，本质上就意味着失败。赚到什么，我们就是什么。我们衡量生活的标准，很大程度上依据快乐成功与失败痛苦等感受的比例。然而，我们的生活通常是由一系列错误的拐角和高墙组成的，我们在逆境中创新，在他人不行时找到行之有效的方法。我们最好将这些仅仅看成将会发生的事情：这些都是能够塑造我们的力量。然而，当我们让"失败"这个词来定义我们时，它就会对我们所做出的努力造成危害。

这里有一种根植于古代实践中的思想。如果我们用不可测量的东西来衡量我们的生活，情况会怎样？用我们爱与被爱的程度、用我们每天为了克服障碍所前进的距离、用我们珍惜生活的方式、用我们展现出的品质，以及那些成千上万件未被记录也未被注意到的、每时每刻都在影响着我们和周围人的小事，如何？

有数十亿人正过着十分艰苦的生活，就像雅各布和他的家人一样。但这些人真真切切地活着，且有目的地活着。他们去爱，也在被爱。好几代人以来，每一天，他们都对他人、对生活有新的发现，他们哭过、笑过。这些人就是我们，我们就是他们。

我们的生活有着不可估量的无限潜力。强行对其进行衡量，会使我们变得不满、贪婪、紧张、攀比，还会形成一种敏感的性格，极易受到压力和忧愁的影响。

濒死体验

我们不必通过经济上的富有，不必通过出名，也不必通过拥有很多东西来获得满足感。我们只需要去问问那些有过濒死体验的人，濒临死亡之前重要的事情在濒死时是否仍然重要——又或者，他们与物质利益之间的关系是否发生了变化。

金钱使生活变得更加容易——绝对如此。物质财富对我们的帮助是多方面的。但我们可以放心，金钱不太可能让我们获得超过某一特定程度的快乐。死后玩具最多的那个人，并不是赢家。

如果人生是一个有目的的过程，我们就不能用媒体鼓吹的那套成功与失败的标准来评判自己和他人。任何物质上极其优越的人，只要说了"我曾经是一个非常失败的人，而现在我是一个成功人士"，就会给其他人蒙上一层令人沮丧的阴影，让他们感觉自己无能、贫乏、比别人差。虽然名人为了推销某些东西或者鼓动人心，大肆夸赞失败的价值，但我们所接受的那种"必须获得很多东西才算成功"的想法，贬低了我们人类的奋斗、我们的挣扎、我们在困境和求生过程中展现出来的英雄力量。

根据目前所知，我们可以说：一个充分地活过的人生，不是失败。是的，它也许会充满令人伤心的、没想到和不想要的结果，但在最后的最后，我们所有的生活……都会终结。某天早上，我们再也没能起床，世界没有了我们却仍然在继续。我们去参加葬礼，并不因为它仿佛是某种盛大的终曲，某个我们会记录一个人成就、宣布他们是成功还是失败的时刻。我们去参加葬礼，实际上是去纪念这个人，纪念他是谁，并向那些活着的人展示他有多么重要，他所有的成就、奋斗、个人品质和善良都是有价值的。这是我们在乎的，也是真正在乎的事。

如果在最后的最后，我们不以积累了多少东西或取得了多少成就来衡量我们的生活，那么我们为什么要在活着的时候这样做呢？

是时候停止用这种方式来衡量我们的生活了，因为这种衡量方式是有缺陷的。

对生命及其价值，最有趣的视角之一来自那些有过濒死体验（NDEs）的人。无论这些人是死里逃生，还是拥有超自然的灵性体验，研究都表明，这种体验对人们的生活、生活方式和生活总体评价有着深远而持久的影响。

曾经面对死亡或者濒临死亡的人，在什么是重要的、什么是有意义的这些问题上，观点似乎总会发生彻底的转变。对我们这些太容易陷入压力、追逐物质上的梦想和成功、极力避免失败的人来说，这种转变可能是一份礼物。这些人为我们提供了深刻的洞见。我们不必亲自直面死亡，就能够了解并珍惜他们所分享的智慧。

里克·伊莱亚斯（Ric Elias）是营销公司红色创投（Red Ventures）的高管，也是"1549号"航班的幸存者。该航班于2009年1月在哈得孙河迫降，凭借着机长切斯利·萨伦伯格（Chesley Sullenberger，"萨利"机长）的技巧和能力，才安全降落。

伊莱亚斯说，当发动机发出一声巨响、飞机开始转向的时候，他学到了一些东西。他在很短的时间内重新审视了自己的一生——在他认为自己即将死去的那段时间里。他当时唯一的祈祷，就是飞机可以直接爆炸。他不希望飞机解体，他想死得痛快一些。他说，在那个瞬间，他意识到濒临死亡时有悲伤——但没有恐惧。死亡并不可怕。在随之而来的悲伤中，有与他所爱的人、被他抛下的人相关的遗憾。

我想，哇，我有一件真正后悔的事。虽然我有人性的缺点，也犯了些错，但我生活得其实不错。我试着把每件事都做得更好。但因为人性，我难免有些自我中心，我后悔竟然花了许多时间，和生命中重要的人讨论那些不重要的事。我想到我和妻子、朋友及人们的关系，之后，回想这件事时，我决定除掉我人生中的负面情绪。我还没完全做到，但确实好多了。过去两年我从未和妻子吵架，这感觉很好，我不想再争论对错，我选择快乐。[7]

在这次危机后的几年里，他的人生目标发生了彻底改变。最重要的是，他开始重视自己作为父亲的身份。这位雄心勃勃的高管，现在唯一的使命就是做一个好父亲。

成功和失败，与物质无关。给予生命中最重要的人爱与付出，才是真正与之息息相关的。

那天没有死，是我得到的一份奇迹般的礼物。我得到的另一份礼物，则是能够看见自己的未来，然后回来改变自己的人生。我鼓励今天要坐飞机的各位，想象如果你坐的飞机出了同样的事——当然，最好不要，但是想象一下，你会如何改变？有什么是你想做却没做的，因为你觉得你会永远在这里？你会如何改变自己的人际关系，不再如此负面？[8]

这些洞见让我们对那些真正重要的事情有了难得的一瞥。我们不必去经历一场空难。我们可以在明天醒来的时候，去消除那些因"试图成功"而产生的压力和焦虑。

阿妮塔·穆尔贾尼（Anita Moorjani）的濒死体验是最令人敬畏的故事之一。她在《再活一次，和人生温柔相拥》（Dying to Be Me）一书中讲述的故事，已经成为最广为人知的濒死体验之一。这段经历本身是一回事，不管我们相信什么，它的影响已经改变了阿妮塔的人生，同时可能会对我们所有人以及我们选择如何生活，产生鼓舞人心的价值。

我所学到的最大的一件事，就是要爱自己、对自己真诚。这是我从濒死体验中学到的最重要的一课。从前，我总是认为爱自己并把自己的需要排在他人前面是自私的。如今我认识到，如果我不爱自己，那么我就没有足够的爱分给其他人。因为连我自己都没有的东西，我是无法分给别人的。越爱自己，越满足自己的需要，就越容易慷慨待人。[9]

2002年，阿妮塔·穆尔贾尼住在新加坡，被诊断出患有淋巴瘤。她这一生都在害怕癌症，并且竭尽所能地预防癌症。因此，这个诊断无疑是一个可怕的打击。到了2006年，在尝试了各种自然和化学疗法之后，她还是进入了癌症晚期。随着器官逐步衰竭，她被送进了医院。当时，她失去了意识，家人也被叫进了病房。她说，就是在那个时候，她感觉自己"进到了另一个世界"。她在2015年接受曼尼菲斯电台的视频采访时说，在失去知觉之前，她"非常痛苦。我甚至不希望这种痛苦降临到我最坏的敌人身上。只要一躺下，我就会窒息。我的皮肤似乎在损伤中裂开了……这是最痛苦的事情"。[10]

当她的身体陷入了长达35个小时的昏迷时，据她所说，她进入了一个拥有非线性时间的空间中。她的朋友和亲戚，特别是她的父亲和她死于癌症的好友来"见了"她。她说："我知道我为什么会得癌症。我知道我阳寿未尽，我必须回来……在清楚地经历过濒死后，我明白这只是我自己的能量在反作用于我。它反映出了我对自己所持有的信念。"[11]

在昏迷期间，她听到并看到了发生在病房里、走廊尽头以及更远地方的事情。

我非常清楚自己为什么会得癌症，为什么会陷入那种境地……我可以看到我的人生，我一生中的每一个决定、每一个想法……我想我明白为什么我会身处那样的境况了。如果用一个词来概括，那就是恐惧。我担心自己不够好，让人不高兴……达不到期望……不够虔诚……死亡……来世；我害怕癌症和化疗。我也害怕那些我坚信会致癌的东西——手机、微波炉。[12]

在周围的人都认为她死了的那段时间里，灵魂出窍的经历改变了她的人生。她说，当时她被告知了一个信息，这个信息是：如果她选择回来，她的癌症将在短时间内被治愈。

当她苏醒过来并睁开眼睛时，她的家人全都惊呆了，这本应该是她生命的最后时刻。最为震惊的，是她的主治医生。尽管她确实接受了几周的化疗，但癌症的每一处迹象都消失得如此迅速，这是前所未有的。五周后，她的巨大肿瘤和病灶、她的溃疡，所有可能癌变的痕迹都消失了。来自加利福尼亚州的肿瘤学家彼得·柯（Peter Ko）医生特地飞到中国香港，前往阿妮塔住过的一家医院，与医护人员见面并查看了她的医疗记录。他无法理解，她是如何奇迹般地迅速康复的。后来，来自世界各地的其他肿瘤学家也调查了她的病例，对她居然还活着这件事同样感到困惑。最引人注目的，也许是这段经历后她的生活发生了怎样的变化。像里克·伊莱亚斯一样，阿妮塔的生活重心完全转移了。她明白自己如今找到了人生的目标。她主张，不要将生活中的任何事情当作一场战斗来对待。

我们需要与其共生。无论是生活还是癌症、失业还是任何挑战，接受它。要去爱你现在所处的境遇。听一听它想要告诉你的事，找到它要给予你的礼物。任何一种形式的生活、疾病和拼搏，都不是一场赛跑或战斗……不要过分执着于某些事情……疾病……失业……我们迷失了自己。我们被自己的经济状况或健康状况所困扰，每天都在不停地战斗……这场癌症是我一生中最好的礼物……它拯救了我的人生。我不会用它去交换任何东西……我曾经坚信我必须追逐一些东西……我的人生仿佛一场赛跑。我过去在企业里工作……那份工作竞争压力很大很大。现在，我再也不想回到过去。我对时间有了新的看法。我不再认为我们在和时间赛跑。一切都同时存在。[13]

我们应该找到能给我们带来欢乐的东西。最重要的是，她让我们"走出恐惧的状态"，提醒我们去做那些能让我们内心高歌的事情，而不是做我们觉得有义务去做的事情。

改变我们的视角

我们的人生充满了对失败的恐惧：我们害怕辜负自己，辜负伴侣，辜负梦想，辜负孩子。我们害怕自己的身体会不健康，我们害怕自己会失去工作，我们害怕孩子在学校里会失败、在生活中会失败。企业家、作家、改革家和科学家都告诉我们要拥抱失败、要更多地失败、更好地失败。最终，那些失败的话语造就了我们和我们的人生，让我们感到渺小和受打击。我们大多数人将会过着平凡的生活，偶尔有一些不平凡的经历穿插其间。在物质层面，我们大多数人都会在某个时刻经历失败。

因此，这也许会帮助我们逐步将"人生就是一连串设定目标和实现目标的活动"这个想法从心里抹掉。如果我们不将人生视作一场冲向终点线的赛跑，而是把它当作一场旅行，情况会怎么样？沿途，始终会有障碍和挑战。有一些我们能够克服，有一些则会阻碍我们前进，但只要我们还活着站在旅途上，我们的人生就有目标。

是我们，设定了那个目标。

如果我们的目标是收集东西，积聚财富和权力，我们也许会取得很大的成功，但这并不会让我们比大街上那个每年赚75000美元的家伙更快乐。如果我们的目标是尽可能充分地过好每一天，那么不管我们拥有什么样的东西、取得什么样的成就，我们都可以按照里克·伊莱亚斯和阿妮塔·穆尔贾尼的观点，活得充满欢乐、意义和目标。如果我们在寻找激励，明智的做法是在那些跳脱出成功和失败的人们的真实故事中去找。

观点总结

> 世界上最富有的1%的人所拥有的财富等于其余99%的人所拥有的财富总和。想要取得巨大的成功，大多数人都处于不利的地位。

> 放弃一个固定的目标，去接受一些意想不到的事情，是很有益处的。研究表明，收入超过一定数额

（美国为 75000 美元），幸福感不会随着收入提升而增加。
> 我们衡量人生中真正重要的东西的标准是有问题的。
> 那些濒临死亡的普通人告诉我们，当你直面死亡时，那些关于成功和失败的想法都失去了意义。

怎样看待成功与失败

> 放弃一些固定目标，比如"我必须赚够钱，以便在 50 岁的时候退休"，或者"我必须在 30 岁前结婚"，又或者"我必须在银行里存多少钱，我才能放松下来"。有太多你无法掌控的事情会阻止你达到目标。
> 不要为小事烦恼。如果你乘坐的飞机即将坠毁，你最后悔的会是什么？明天起来做点什么，以使你不会后悔。
> 记住，成功带来的良好感觉只是暂时的。你很快就会不由自主地开始追逐下一个梦想。要享受当下。整个人生都是由一连串的瞬间组成的。当下就是唯一的现实。
> 不要把个人价值和拥有更多更好的东西等同起来。

不管你赚到多少钱、有多出名,又或者你开什么车,你都和别人一样独特而珍贵。

参考文献：

[1] 戴维森，雅各布. 是的，乐施会，最富有的 1% 拥有绝大多数财富，但这不算什么 [J]. 时代杂志，2015-01-21. 2017-03-14.

http://time.com/money/3675142/ oxfam-richest-1-wealth-flawed/.

[2] 妮科尔·福尔曼. 作者访谈，2017 年. 为保护隐私已化名。

[3] 戴维德，谢莉. 世代相传的低语 [M]. 澳大利亚布里斯班：昆士兰大学出版社，2016.

[4] 戴维德，谢莉. 私人信件. 2017 年 2 月。

[5] 卡内曼，丹尼尔，安格斯·迪顿. 高收入可提高对生活的评价，但不能提高情感幸福感 [A]. 美国国家科学院院刊 107，第 38 卷（2010）:16489－93.

[6] 同上。

[7] 伊莱亚斯，里克. 当飞机坠毁时，我学到的三件事 [EB/OL].Ted 演讲，2011. 2016-10-18.

https://www.ted.com/talks/ric_elias/transcript?language=en.

[8] 同上。

[9] 帕斯蒂洛夫，詹妮弗.渴望成为我——曼尼菲斯电台系列问答：阿妮塔·穆尔贾尼.2012-02-6，曼尼菲斯电台.2017-03-03.

http://themanifeststation.net/2012/02/06/dying-to-be-me-the-manifestation-qa-series-anita-moorjani/.

[10] 同上。

[11] 阿妮塔·穆尔贾尼濒死体验的21个人生教训[N].意识生活新闻，2015-01-22. 2016-10-18.

http://consciouslifenews.com/life-lessons-anita-moorjanis-death-experience-video/1135078/.

[12] 同上。

[13] 同上。

[14] 同上。

建议阅读材料：

阿妮塔·穆尔贾尼.再活一次，和人生温柔相拥[M].伦敦：海氏出版社，2004.

第七课 传统挫折逻辑的帮凶——语言

2013年,互联网上第二常用的词是"失败",而最常用的词是错误代码404,意思和"失败"一样:

> 404是全球互联网故障的一个近乎通用的数字代码,它将原来的用法扩展为"页面未找到"。当失败这个词与404一起使用时,那就表示一项工作、项目或努力的彻底失败。[1]

404实际上指的是一个房间号码,它在第一个数据库的四层404房间,这个数据库就是万维网,最早建立在瑞士的欧洲核子研究中心。早在20世纪90年代的黑暗时代,这群充满热情的年轻科学家和企业家就创造了错误代码。[2]几个世纪以来,"失败"这个词的含义一直在稳步转变,404代码给"失败"这个词又添加了另一个含义。如果我们写一本致力于打破失败神话的书，那么研究失败的语言和失败这个词本身也是有意义的，它已经成为我们生活中普遍存在的一部分。

失败简史

英语使用的单词超过一百万个，互联网上有近六亿人用英语书写，失败（fail）这个词以及失败者的概念目前位居榜首！

"fail"这个词出现在12世纪20年代，源于古法语"fair"，意为"缺乏""结束""垂死"或"失望"；也源于拉丁语"fallere"，字面意思为"摔倒"或"导致跌倒"，比喻义为"欺骗、作弊、有错误的"。在12世纪以前，失败的古英语单词是"abreoðan"，意思是"灭亡"或"被毁灭"。大约在13世纪初，"fail"这个词的意思是"缺少"，只用于指货物、事物和食物。在13世纪中期以后，"fail"这个词的意思扩大到事情的失败，意思是"崩溃"。在13世纪之后，这个词有时也指人类的经历，意思是"失去活力""失去勇气"或"失去力量"。正是在12世纪后期，盎格鲁法语版的"failer"开始被用作名词"failure"。直到1837年，"failure"这个词才被广泛地用来定义一个人，如"他是一个彻头彻尾的失败者"。[3]

这一点很重要，因为我们可以看到随着时间的推移，单词"failure"的含义是如何演化和转变的，以及在 21 世纪它是如何影响我们的生活的。不到两百年前，还没有一个人可以被称为"失败者"，现在我们差不多是盯着成功者或失败者的概念不放。

众所周知，每一个物种在进化的过程中会不断地竞争、赢得和输掉生存战争。这种试错模式是支撑一切的基础。我们不是固定的，我们一直在过程中，我们在不断进化，词汇也在不断进化。

现在我们会在很多情况下使用"失败"这个词。在 Google 中输入任何名词，后面加上"失败"这个词，你会得到一系列令人哭笑不得的搜索结果——"失败的狗""失败的猫""失败的男孩""失败的女孩"以及"失败的婚礼"。之所以令人哭笑不得，是因为视频的结果往往出人意料，无论是试图捕捉金鱼的猫，还是拍摄猫的人，都不知道猫最后会掉进鱼缸里。这种意想不到的结果现在成了轰动网络的"失败"。

每一天，事情都会以不计其数的方式出错。我们使用的语言能够让我们交流思考的方式和内容，也塑造了我们的现实和信念。如果不是这样，世界上就不会有作家因为写作入狱，记者也不会面临起诉，总统竞选的辩论也不会有观众，报纸也不会有读者，没有人会在脸书（Facebook）上发表言论，也没有人会回复这些言论。语言很重要，语言能改变我们的思想。我们投票的选择、我们购买的选择、我们教育的选择、我们信念的选择都建立在语言的基础上。世界各地的政权仍然对笔或者键盘感到恐惧，就像害怕外星人的武装入侵一样。泄密文件的告密者被流放和监禁，甚至有杀身之祸。全世界的政府都害怕言论和它们所起的作用。

显然语言具有巨大的力量，因此我们如何使用它们是非常重要的。所以，如果"失败"是被使用最多的词，那么这一定会对我们的世界产生后果。它是如何塑造我们的信念和价值观的，我们都深有体会。事实上，我们所做的很多事情都被定义为"失败"，而在多数情况下，我们会为自己的失败感到耻辱，这对我们的生活意味着什么？

从1837年开始，社会开始向大众灌输个人失败的概念，通常是把它用在一个真正失败的人身上，这是否意味着人类从未认为自己是无价值的或不足的呢？不，当然不是。但是称某些人为"失败者"确实给他们贴了一个终极标签——当然这个标签以前不存在，现在却已经发展并渗透到我们的教育系统、医疗系统和个人生活之中。

当然，在整个进化的过程中，当我们没有达到目标、没有赚到足够的钱、没有得到想要的工作时，我们的情绪都会以不同的方式一直表现出来，并将继续成为我们生活的一部分。但是我们强加在生活上的那些错综复杂、凭空想象的建构，以及我们的生活方式都是由我们自己创造的，是由我们使用和相信的语言创造的。

"失败"这个词被滥用了，它出现在我们生活的方方面面，我们经常忘记失败这个概念是如何影响我们对自己和他人的认知的。

让人害怕的挫折

当我们把自己禁锢在这种世界观，就好像这是唯一存在的世界观时，我们就创造了一个我们无法逃离的世界。

人们正在努力逃离。

那些声称"失败是成功之母""更多地失败，更好地失败"的人正在努力逃离。

但是，他们恰恰是在从根本上反对失败这个概念。个人、财务和学业方面的失败是如此令人难以启齿，给人带来强烈的羞耻感，以至于人们会想尽一切办法，甚至做出一些荒唐的事情，以避免被人看成失败者。

如果没有这种耻辱和恐惧，我们就看不到失败的灾难性后果。在《黑匣子思维》中，马修·赛义德提出对失败和耻辱的恐惧导致人们固执己见，即使有不可辩驳的证据显示他们是错的。这种状态被称为"认知失调"[4]，经常出现在医学和刑事司法系统中。

确实如此！当面对无法反驳的证据时，聪明的人还是会坚持自己的看法以保全面子。这包括高等法院法官不会撤销对被告的控诉，即使 DNA 证据无可争辩地显示真凶是另一个人。赛义德讲述了很多法官和陪审团的故事，这些法官和陪审团不断发展复杂的理论，以支持他们对一个人的有罪假设，而不去考虑 DNA 和其他证据。这是为什么呢？是因为羞耻感。由于整个社会对失败的畸形看法，人们不喜欢犯错。如果你一开始没能认出罪犯，那你简直太丢人了。所以法官为了保持自己的良好形象，拒绝撤销对第一被告人的指控。有些人甚至会冒着生命危险和道德风险坚持自己的立场。世界上每一个谎言和掩饰行为，都是因为我们想要逃避羞耻或者指责。赛义德提到一个医疗案例。在一次手术中，一位主治外科医生拒绝摘下乳胶手套，即使病人表现出明显的乳胶过敏症状、病人陷入死亡的严重危险。他的同事威胁说会立即打电话给上级，揭发手术室里发生的事情，他才摘掉手套。幸运的是，这位同事碰巧是一位研究医疗事故的研究员。之前由于医疗失误，他失去了自己的父亲，在监督这次手术的过程中，他观察到由于主治医生的"认知失调"，这个病人有生命危险。在他的威胁下，主治医生摘掉了乳胶手套，病人活了下来。[5]

掩饰、谎言、对羞耻和指责的逃避都是一种文化的副产品，在这种文化中，失败被认为是最糟糕的结果。

如果一场军事演习失败了，或者一场战争看起来要输了，宣传人员和故事编造者就会介入，制造替代方案以支持他们原本支持的任何政权或意识形态。他们以极其微妙复杂的方式说话，以防止"失败"这个词出现在大众面前。

如果我们担心一场考试，我们宁愿作弊也不愿冒失败的风险。同样地，医疗事故所导致的死亡通常不会被曝光。大多数国家都不愿意承认重大错误和一级失败，并制定方案以避免随后的错误。航空业是这种情况最常发生的领域，在《黑匣子思维》中，航空业成了我们衡量如何解决其他领域失败的黄金标准。

我们在生活中的方方面面都对失败做出了反应，从而对失败产生了厌恶。在阐述我们实际上做了些什么以解决这种无益的状态之前，我们看一下失败的语言产生的几个领域，以及与失败概念相关的诸多问题的根源。

学校里的挫折

世界上数以百万计的儿童都会参加考试。我们通过期末考试这个最明显的例子,创造了一种害怕失败的文化。为了避免期末考试不及格所带来的羞耻和焦虑,人们无所不用其极。在世界各地,特别是在印度和其他亚洲国家,都有大量引人注目的自杀事件发生在年轻人身上,自杀的起因都和害怕考试不及格有关。在学校的每一天,失败的语言通过每一项作业、每一份讲义影响着数百万儿童。面对"我不及格吗?你得了 A 吗?"[6]这样的问题,答案有时生死攸关。每年都有数千名儿童因担心期末考试不及格而自杀。

在家里和学校里,没人能够抵抗失败语言的强大影响。从孩子们能够理解世界的那一刻起,他们就被用 A—F 量表来评判。首要的是,他们学会了害怕失败,或者说害怕 F。所以我们不能再对他们说,失败其实是好的,因为失败会教你一些东西。因为他们知道失败是不好的,失败会引起其他孩子的嘲笑或欺凌,也会引起老师的奚落和家长的失望,而他们将孩子的学业成绩与原始的生存本能联系在了一起。在美国,自杀已经成为 10~24 岁年龄组的第二大死因。许多孩子缺乏自我价值感、抑郁和无助,主要原因就是学校环境,很多人就是在学校里开始害怕失败的。

在竞争更激烈的学校环境中,青少年的压力可能会越来越大。收入差距的扩大,加重了在校期间取得好成绩的责任,即在这个过程中成为赢家,而不是输家。随着压力的增大，抑郁学生的应对能力越来越差。[7]

在英国一个针对 145 名 25 岁以下年轻人的全国性自杀调查的第一阶段中，曼彻斯特大学的研究人员明确了年轻人自杀前的"相关前因"。2014 年至 2015 年期间，在学校里自杀的年轻人中，将近 1/3 的人"死亡的时候正在面临考试或考试的结果"。[8]

一个充满活力、才华和潜力的年轻人，到底有多紧张不安，才会宁愿选择死亡也不愿面对考试或考试的结果！我们需要记住，这些三级失败是我们凭空制造出来的。教师和立法者决定某个基准是"及格"、哪个基准是"不及格"，一个是认可的标志，另一个则告诉你，你一文不值。

我们设定的期望，以及我们运用期望的方式是有问题的。我们的 A—F 评分系统是一种社会病，并不能反映人类活动或进化的真实世界。学校给孩子们灌输了一系列畸形的期望，其中成功的阶梯引导一部分孩子成为赢家，另一部分则成为输家。然而我们看到二级失败，以及人类每一个带来意外结果的创业、创新活动，对于这种赢家/输家模式，我们可以采用一种完全不同的方式来看待它。

真实的世界并不是在 A—F 量表上运转的。真实的世界给我们每个人提供了一系列意想不到的结果。我们往往得不到我们想要的东西，但在这个过程中也会发生其他事情。

只要我们还活着，我们就会不遗余力地证明失败是件好事。"失败"是一个终极概念，我们无法突破它。

我们需要彻底改变对失败的看法。我们需要将"失败"这个词从学校和学术机构中抹去，之后"个人失败"的概念也会随之消失。如果我们能把失败从学校对话中抹去，就不会有孩子被告知他们失败了，他们不如别人有价值。学生就会主动去学习，而不是为了避免失败。

为什么对有些人来说，在考试中得F比死还要糟糕？这是因为个人失败的观念与考试结果不可分割地联系在了一起。F意味着你是个失败者，你不够聪明，你比别人更差劲、更低级、更没用。

这些学业失败都属于三级失败。它们是基于不同国家、不同地区发明出来的不同标准得出的任意结果，这些标准所得出的结果范围很狭窄，只适用于一小部分孩子。失败可以定义我们，围绕这个观念，我们创造了一种文化，我们也应该能够摧毁它、消除它。

而我们平时谈论的话题不是失败和成功，就是羞耻、指责和名声，这些话题既不能使我们的生活更快乐或者更美好，也不能使我们做事更高效。

把挫折重新命名

只要失败存在于我们教育孩子和评估生活的惩罚性模式中，我们就无法将"失败"这个词变成褒义词。我们害怕失败，因为失败关系到我们的生存。我们必须用另一个概念来代替它，这个概念要能够为我们提供成长、克服困难和再次尝试的语言。我们称为失败的事情通常根本不是失败，我们的语言需要进化以反映这一点。

语言的使用影响着我们的思维方式，正如我们的语言也体现了我们的思维方式。斯坦福大学心理学教授莱拉·博格迪特斯基（Lera Boroditsky）在她的研究中，展示了我们使用的语言是如何从根本上塑造我们的思想的。她甚至提出，根据一个事物的词性，说不同语言的人对特定的事物有不同的看法。

无论我们有没有意识到，我们从父母那里学来的语法，影响着我们对世界的感官体验。西班牙人和德国人可以看到同样的东西，穿同样的衣服，吃同样的食物，使用同样的机器。但在内心深处，他们对自己的世界有着截然不同的感受。[9]

例如，"桥"（bridge）这个名词在德语中是阴性的（die Brücke），在西班牙语中是阳性的（el puente）。当博格迪特斯基请德国人描述一座桥时，他们会用"美丽、优雅、修长"这些词，而西班牙人则会用"雄伟、结实、高耸"这些词来描述。[10]

通过这种方式，我们可以看到英语中的"失败"一词与消极的、不可避免的结果有着深刻的联系。除此之外，相比于正面信息，我们的大脑更容易记住负面信息，因此，在语言层面解决"失败"问题显然是很有必要的。

我们的负面偏见是进化而来的。人类之所以存在，是因为我们学会了如何避免、战胜或者逃离危险。为了生存，我们总是紧紧抓住负面信息。从生命的早期开始，我们的大脑就在进化，以确保我们会记住威胁或危险的特征，这样我们就可以远离危险。从进化层面上讲，这种情况一直没有改变。

在俄亥俄州立大学的研究中，芝加哥大学心理学教授约翰·卡乔波（John Cacioppo）展示了参与者的大脑如何对可怕的图像做出反应，他们的脑电活动比那些看到正面或中性图像的参与者波动更大。[11]这意味着我们需要更多的正面信息来抵消负面信息的影响。对于每一个与失败相关的词语和想法，我们需要更多的东西来重新定义那个体验，并以不同的方式表达出来。

确实，开始改变我们谈论和思考失败的方式需要付出巨大努力，但这个转变是值得的，也是我们能够完成的。

拒绝被挫折洗脑

失败的同义词总是消极的。失败及其同义词每时每刻都渗透到我们的语言和我们塑造世界的方式之中。如果我们用这些词来称呼我们自己、我们的行为和其他人，那么这就是一种滥用，我们的大脑会疯狂地抓住这些负面偏见。如果我们想要活得更加积极，我们就必须改变我们使用语言的方式。因为我们是活着的，而且我们的人生也一直在运转，我们不能把这些终极判决当成永久的评价。人生是一个过程，负面语言加上人类对负面偏见的倾向会使我们看不到出路。

这里有一个故事，展示了如果我们想要改变和自己、和他人谈论失败的方式，我们应该如何开始，我们将走向何方。

彼得·克罗夫特（Peter Croft）[12]的人生似乎由一场又一场的灾难所构成，他认为自己是个失败者。他今年50岁，他有人生目标，但一个也没有实现。他不停地对自己说"上次的决定真是一场灾难，上一段恋爱完全是浪费时间，这是我们第三次在住房问题上做出错误的决定了，最后我总是向老板屈服"。

这种挫折模式越来越得到加强。如果他现在就给自己贴上失败者的标签,大脑就会创造神经通路,以引导并强化他对自己是一个失败者的信念,他有什么机会做出让自己感觉更好、更自信、更有希望的决定呢?他总是以失败者的身份面对世界,他用自己的语言和想法不断加强这种身份。他需要改变人生中的失败语言,但是怎么改变呢?

通常我们完全不会意识到语言是如何影响我们的,我们的自我对话以及我们传达故事和历史的方式影响着我们的本质,塑造着我们的世界观。让我们重写彼得的故事,这次选择用一些反义词来表达他真实的境遇,让他的故事有一丝积极的阳光,而且不会把他描绘成一个失败者。

彼得·克罗夫特的人生充满挑战,他把自己看成一个探险家。他今年50岁,他有人生目标,他觉得人生充满希望,因为他的人生旅途总是充满惊喜。他不停地对自己说:"上次的决定是至关重要的,那段恋情让我更加了解自己,这是我第三次受到我买的房子的挑战,我终于意识到我确实能够镇定自若地反抗我的老板。"

故事是一样的,立场却不一样。语言中没有暗示彼得是一个失败者,但他还是同一个人,我们只是用努力的语言取代了失败的语言。如果彼得每天给自己和别人讲的都是第二个故事,他对世界的体验可能就会改变。

在日常生活中,我们都需要这样做,我们需要改变对自己和他人的看法，关注正面而不是负面的事物，并且要意识到使用失败的语言会不断强化我们对自己和他人的负面看法，并形成难以改变的习惯。通过改变我们的语言，我们可以改变自己的想法和行动。

观点总结

- 在英语中，"失败"（fail）这个词是互联网上第二常用的单词。
- 世界各地都有儿童在考试前、考试中或考试后自杀，因为他们害怕如果得不到自己或父母老师期望的分数，他们就会被视为失败者。
- 我们的共同话语包括失败和成功、羞耻、责任和名声，但这并不能使我们的生活更幸福或更美好。
- 语言影响我们的思维方式，我们可以通过改变使用的词汇来改变我们的认知。
- 大脑更倾向于记住负面意象，而不是正面意象。

怎样走出挫折对思想的控制

> 写下你最近的三次"失败"。现在用不含有负面词语的方式重新表述每一次失败。为每一次挑战回答这个问题：如果说在这种情况里埋藏着一个礼物，那会是什么？

> 避免使用失败的语言与你的配偶、子女、员工或雇主交谈。

> 考虑把你的孩子送到一所不打分或者不在他们的成绩单上使用失败语言的学校。

> 考虑不使用会让自己或其他人蒙羞的语言。

> 下面是科林斯英语词典中的一些同义词。你最近用哪些来描述过自己、别人或你的行为？在谈到这些失败时，你能怎么改变你使用的语言呢？找到有正面含义的词来代替这些词：

挫败（Defeat）

灾难（Disaster）

沮丧（Letdown）

困难（Trouble）

悲剧（Tragedy）

不幸（Misfortune）

破坏（Devastation）

不测之祸（Mishap）

输家（Loser）

失望（Disappointment）

不中用（No-good）

砸锅（Flop）

废物（Write-off）

无能者（Incompetent）

惨败（Washout）

有缺陷的（Deficient）

参考文献:

[1] 埃瑟尔·费尼格. 巴拉克·奥巴马总统建造了这个 [J]. 美国思想家，2013-11-07.

http://www.americanthinker.com/blog/2013/11/president_barack_obama_built_that.html.

[2] 404 房间的历史 [EB/OL].Room404.com，1999 年。

http://www.room404.com/page.php?pg=homepage.

[3] 在线词源词典 . Etymonline.com, 2001.2001.

http://www.etymonline.com/index.php?term=fail&allowed_in_frame=0.

[4] 赛义德 . 黑匣子思维 [M].69.

[5] 同上，113。

[6] 成加帕，拉吉 . 杀手级考试：如何改造系统 [N]. 今日印度，2005-03-28.

http://indiatoday.intoday.in/story/growing-number-of-students- commits-suicide-overexams/1/194023.html.

[7] 解释青年自杀率上升的原因 [EB/OL]. 阿尼卡基金会，2014.

http://www.anikafoundation.com/rise_in_suicide.shtml.

[8] 英国儿童和年轻人的自杀. 国家精神病患者自杀和杀人机密调查 [M]. 英国曼彻斯特：曼彻斯特大学出版社，2016.

http://research.bmh.manchester.ac.uk/cmhs/research/centreforsuicideprevention/nci/reports/ cyp_report.pdf.

[9] 迪亚尔沃，大卫. 语言如何塑造我们的世界 [J]. 神经疗法，2009-04-07.

https://neuronarrative.wordpress.com/2009/04/07/ how-language-shapes-our-world/.

[10] 同上。

[11] 玛拉诺，哈拉·埃斯特洛夫. 我们大脑的负面偏见 [J]. 今日心理学，2003-6-20.

https://www.psychologytoday.com/articles/200306/our-brains-negative bias.

[12] 彼得·克罗夫特. 作者访谈，2016年12月. 为保护隐私已化名。

第八课　逆转挫折，颠覆传统逻辑

刘易斯·梅尔-马德罗纳（Lewis Mehl-Madrona）在《用故事的力量治愈心灵——叙事精神病学的前景》这一开创性著作中，探索了我们讲给自己的故事与真实的自我之间的紧密联系。从精神分裂患者到自闭症患者，马德罗纳通过和这些精神疾病患者广泛接触，发现讲故事可以改变精神疾病患者的现状，帮助其建立更好的精神状态。他说，一切，一切都是故事，并提出"将精神病学重新改造成一门故事的艺术与科学……一切都是故事。除了故事，一无所有"。[1]

马德罗纳声称，甚至科学也是故事。随着新发现的产生，昨天的真理，今天也不再正确。随着时间的推移，教科书上讲述的医学和物理学故事也在发生变化。真正令我们着迷的——也是本课的基石——是马德罗纳对诸如精神分裂症等精神疾病的认知。他写道：

> 我们都有精神分裂的体验，但是大多数人将这些体验称为梦境、白日梦、幻想等等。我们都处在一个无法区分梦境和现实的连续体上，被贴上精神分裂症标签的人只是处于这个连续体的极端，但是他们可以重新学习这种能力。[2]

马德罗纳确实帮助病人重新获得了这种能力——通过运用反叙事。如果一个病人被告知自己是个疯子，因为她听到了某些声音，并且需要药物治疗，马德罗纳就告诉她，我们都能听到声音，她只是需要一个关于她的声音的新故事，以便在世界上更好地生活。通过创造反叙事，马德罗纳能够有效地帮助在人类连续体上处于极端的很多人。

同样地，社会讲给我们的失败故事，或者我们讲给自己的失败故事，这些又怎么样呢？有没有可能，即使我们身处令人感到无助、困扰和抑郁的故事中，我们依然可以创造出属于自己的全新故事？

事实上，我们是按照故事来生活的。无论是经典著作里的故事，还是好莱坞电影，或是公司的工作氛围，都可以帮我们识别出自己创造的故事，看看是否需要重写这些故事。

让我们来看一些有关失败与成功的故事，我们可能正在按照这些故事来生活。

《浪子回头》是一个令人费解的故事，也被称作《迷失的儿子》或《慈爱的父亲》。在我们的主流文化中，挥霍浪费的年轻人肯定是不值得原谅的。而在这个著名的故事里，面对年轻人的极大失败，古代经典却有着完全违背主流文化的诠释。

《浪子回头》讲述的是这样一个故事：

一位富有的父亲将自己的财产分给他的两个儿子。大儿子勤俭持家，精明能干并且善于投资。小儿子则酷爱旅行，厌倦了家里的生活，甚至对家里狭隘的乡土观念有些抵触。因此，小儿子拿走了自己的全部财产去环游世界。不出所料，他全然不顾明天、不计后果地肆意挥霍，加之遇上了干旱和饥荒，最终身无分文，饥寒交迫，无家可归。

幸运的是，他找到了一份工作，一份他做梦也想不到自己会做的工作——喂猪。他太饿了，以至于他全然不顾恶臭，想要吃猪食和他从动物身上挖出的内脏。没过多久，他想明白了一些事情。"我父亲的仆人有充足的食物，而我却在这儿挨饿等死？"他对自己说道，"我到底在做什么？我已经受够了！这个时候，我多么希望自己可以成为我父亲的一个仆人。至少我可以吃饱穿暖。"

因此，他放下自己的骄傲，回到父亲的家中。在回去的路上，小儿子反复练习着要对父亲说的话："父亲，我对不起您。我真是愚蠢至极，我败光了您给我的所有财产，真是一败涂地。我不祈求您的原谅，能否让我做您的一个仆人。我只求可以好好工作，吃饱穿暖。"

然而，小儿子并没能将准备好的话说出口。在他还未到家门时，他的父亲便冲到他面前，亲吻他，迎接他回家。"快！给我的孩子准备些像样的衣服，"父亲对仆人说，"让他沐浴，他现在闻起来就像猪食一样。快给他准备些食物，这可怜的孩子饿坏了。"

也是在那天晚上，父亲准备了美酒佳肴，举行了盛大的聚会，庆祝他失而复得的小儿子归来。他说："我以为你死了。"

在我们的认知中，大儿子才应该得到褒奖，小儿子只能被看作一个失败者。所以，这个故事的结尾让人难以接受。"等等！这家伙不就是个失败者吗？他凭什么得到奖励？因为他挥霍金钱？浪费时间？荒废才能？还是因为他失败了？"

郁闷的大儿子也是这么想的。在一天辛苦的工作后，大儿子回到家，听见了音乐和微醺的笑声，看见了噼啪作响的烧烤声，闻见了烤肉的美味。当他发现他的弟弟坐在中间时，大儿子嫉妒万分。

大儿子把父亲拉到一边问："这是做什么？"

"你弟弟回来了！快跟我们一块庆祝！"

"父亲，您在开玩笑吗？这么多年，我一直辛辛苦苦地帮您管理财产，他却将您的财产花光。我没有挥霍过任何钱财，尽着做儿子的责任。但是您从未为我举办过宴会。您这到底是在做什么？"

"我的儿子，"父亲说，"你一直都跟我在一起，我的一切都是你的。但是你的弟弟失而复得，你难道不高兴吗？"

这个故事告诉我们，小儿子（失败、流浪、忘恩负义的人），在经历了某些他从不希望发生的事情（失败）之后，学到了一些东西，因此变成了一个更睿智的人。大儿子则保持不变，没有从失败和痛苦中学到东西，因此也不会感恩。

这个故事给我们的启发是，所谓的失败会导致领悟。失败的经历是宝贵的，因为它会让我们明白什么才是人生中真正宝贵的东西。就像故事中的父亲，他看到了儿子的成长。

在之前的内容里，我们提到过，失败其实是人生的一部分，是我们故事的一部分。无论我们想要去往哪里，失败都是自我实现之旅中必不可少的一步。做错事情、经历意外，承认自己的过错和失败，这些对成长都是至关重要的。

在我们人生中的某一时刻，我们都曾经是浪子。我们都曾走错路，犯过错，错估自己的能力，没能达到自己的预期，抑或是没有实现自己的梦想。我们也希望可以回到过去，回到那个做错决定酿成大错的时刻，即使是小小的错误，也会导致我们走上相当于吃猪食的道路。有时候我们觉得，如果没有这些错误，我们就会成为更好的人。我们希望可以回到家里，被我们的父亲原谅和接纳，并且让所有的错误和失败都消失不见。然而，在现实生活中，我们往往无法得偿所愿。有些人的生活总是充满着许多挑战。你结婚了，配偶却让你痛不欲生。你未婚生子却没有钱，不得不和父母住在一起。你失业了，却找不到新的工作。这些情况都是真实存在的，我们大多数人都会在人生的某个时期受到这些情况的影响。

最关键的是，我们如何对待我们的故事？特别是当这些故事的结果不是我们想要的，我们该如何面对？

每当J.K.罗琳讲起她白手起家的故事，她都会说自己早期的失败是后期巨大成功的垫脚石。

就像前一课所说的，我们可以运用反叙事来看待自己的故事。在第七课，我们研究了失败的语言及其对现实的影响。在这一课，我们研究了失败的叙事及其在生活中的作用。《浪子回头》的故事告诉我们，失败不会教我们如何去成功，而是教我们学会感恩，不要把我们拥有的一切视为理所应当。

我们也可以把《浪子回头》的情节应用到我们的生活中。

我们或多或少都受到好莱坞电影的影响。好莱坞电影成为一个规模数十亿美元的产业，并不是没有原因的。我们被故事吸引，也愿意为此埋单。事实上，当我们说起"好莱坞式的结局"，我们都知道这种结局是什么样子的。我们渴望这种"从此以后，他们幸福快乐地生活在一起"的结局，我们一遍又一遍地去看重复的电影，因为这种电影的叙事结构让我们对自己的生活充满希望。好莱坞电影大多讲述成功的故事，失败只是作为暂时的挫折被提及。

成功的挫折

经典好莱坞电影关于失败的叙事都会跟随一个成功的童话式结局。电影《回到未来》[3]就是一个典型的例子：马丁·麦夫莱得到了一个机会，改变他和父母的失败人生，从而成功逆转。现实中的马丁一家一团糟，叔叔乔伊身陷监狱，在学校里马丁的音乐才能不被认可，还被认为是个懒鬼。他的父母都是失败者，坏蛋比夫占尽上风。马丁害怕自己的失败模式是遗传的。"在山谷镇的历史上，永远都留不下麦夫莱家的名字"，这句话就像诅咒一般困扰着马丁。他是一个失败者，他注定永远是一个失败者。人生就是这么回事。面对这样的情节，我们感同身受，因为这就是世界上大多数人的真实写照。

但是,"一切都有转机"。通过回到过去,马丁可以消除父母的失败,打败比夫,创造一个成功的未来。

我们是如何对待这种我们如此深爱的童话式结局的?我们相信这种童话式结局,我们相信美国梦,正如麦夫莱所说"有志者,事竟成"[4]。

神话或童话并不是源自好莱坞,而是深深扎根于数千年的神话、故事和英雄传奇中。约瑟夫·坎贝尔记录并整理了这些故事,提出一个适合所有文化的单一英雄神话模式:在《千面英雄》[5](The Hero with a Thousand Faces)一书中,就像嵌入人类的 DNA 中一般,所有的英雄都要经历一段旅程。一些事情出现了问题:英雄所处的社会失败了,或者英雄自己失败了,他需要改变现状。英雄获得帮助,但是再次失败;他跨越阻碍,赢得了些许胜利,但是又经历了巨大的失败;最终,当所有的一切都即将失去的时候,英雄成功地打败了邪恶的敌人,或是找到了宝藏,或是拯救了自己或社会。[6]

我们相信这个从失败到成功的故事,就好像它是真实存在的。我们在电视和电影里欣赏它,在书中阅读它,在梦里梦见它,想要让它变成现实。如果在现实生活中看到了这样的故事发生,我们会为之喝彩。这是一个进化的故事,在这个故事里,我们变成了更好的自己,战胜了内心的阴暗和罪恶。

好莱坞一次又一次地使用这个模式，因为它非常管用。我们认同英雄，并把我们的人生变成一个追求成功、战胜失败的过程。这就是我们喜欢苏萨克和罗琳的原因——他们是英雄，我们相信自己也可以像他们一样。

但这只是一种叙事手法。其他的故事又如何呢？浪子回不了家的故事有千千万万，我们又应该如何看待？

伊丽莎白·毕肖普有一首有趣的诗，描述了一个既讽刺又感人的关于失去的故事。她在《一种艺术》一诗中写道："失去这门艺术并不难掌握"。表面上，毕肖普在诗中表示，失去是一门很容易掌握的艺术，失去并不是灾难。然而，实际上，诗中隐藏着一个完全不同的故事：她不太确定失去不是灾难。她失去了很多东西，然后是房子，甚至国土，最终失去了她最爱的人。而最后的那次失去，对她来说，就"像灾难"，尽管她不愿承认这一点。毕肖普认为，挫折、失去和意外都是人生的故事，就像好莱坞的英雄神话一样：我们失去，我们后悔，我们失败，最终我们别无选择，只能努力顺应潮流，接受我们无法改变的东西。[7]

2008年，格里和玛莎·哈钦森[8]从第三世界国家移民到澳大利亚。他们不太富裕，买不起房子——澳大利亚的房价几乎是世界最高的。他们碰巧在昆士兰租到了一栋非常不错的房子。传统的两层式建筑,带有环绕式阳台、枝式吊灯、游泳池,花园里还有意大利式的大理石雕塑,租金却低得出奇。渐渐地,他们赚了越来越多的钱,可以在澳大利亚买得起房子了,但是还买不起他们现在租的这种房子——价值超过70万美元。房主称可以60万美元卖给他们。哈钦森夫妇拿不出60万美元,于是还价55万美元。房主拒绝了这个出价,房地产经纪人明确表示,希望他们离开,以便她把房子卖给"真正"的买家。

哈钦森夫妇离开了,在一个位置不算好的地方买了栋小房子,没有游泳池、大房间和高高的天花板。他们虽然舍不得搬走,但是也意识到了自己的局限性。他们买不起那样奢侈豪华的大房子,这超出了他们的能力范围,尽管两年来,他们过得就像百万富翁一样。

然而,几个月后,他们发现昆士兰的房子恰恰是以55万美元卖出去的。哈钦森夫妇十分震惊,便打电话给房地产经纪人。"是这样的,后来房主收到了许多低报价,最终决定以55万美元卖出。要是你们还住在附近的话,就可以买到了。"

这不公平。哈钦森夫妇原本可以买到那栋房子。但是,这就是失败,一次他们追悔莫及的失败:因为没过多久,房价飙升,那个面积的房子现在可以卖到80万美元以上。

在这个故事中，哈钦森夫妇没有珍惜他们所拥有的，错失了一次无法重来的机会。他们就像浪子那样愚蠢地离开了他们的房子，但是回不去了。并且不像《圣经》故事里的圆满结局，没有房地产经纪人会迎接他们，告诉他们："我原谅你们了，你们可以拿回你们的房子，欢迎回家。"他们的房子故事到此结束，他们必须适应这一点。

我们都曾经错失机会或者判断失误，我们也无法回到过去，改变结局。我们为当初的某些决定或是犹豫不决而后悔。然而，在现实生活中，浪子回头的儿子并不总是能回到爸爸的身边，拥有圆满的结局。我们失去过，人际关系失败过，我们永远找不回那些我们没有好好珍惜的东西。

最重要的是，也是我们一直强调的，是如何处理我们称为失败的这些结果。是否可以运用反叙事，重塑我们的故事，这样我们就不会陷入成功和失败的二元世界？

另一个儿子无法回家的故事，是20世纪60年代的好莱坞电视剧《迷失太空》。[9]《迷失太空》讲述了受命前往外太空开辟新世界的罗伯逊一家的故事。出发不久，俄国间谍史密斯博士破坏了他们的任务，最终导致他们迷失在太空中，一直游荡，无法回到地球或者完成任务。他们的故事是那种巨大的失败，每一集都险象环生。《迷失太空》庆祝失败，或者至少承认失败在制造冲突和意外结果方面的价值，冲突和意外结果并不是一条直线，不像英雄之旅一样。罗伯逊一家不得不尽力应付各种情况，在不宜居住的星球上扎营，还要忍受各种失败，甚至不得不和总是破坏他们计划的可恶的史密斯博士一起生活。他们不能战胜敌人，消灭敌人，重塑秩序，最终迎来好莱坞式的圆满结局。他们不得不和敌人妥协。这样的故事更符合现实生活中的情景，令人耳目一新。对我们大多数人来说，人生总是无法按计划进行：我们失败了，我们不得不承担自己行为的后果，或者别人行为对我们的影响。我们的人生不是一场英雄之旅，《迷失太空》讲述的是当一切偏离原定计划的时候，我们该如何应对失败。

与挫折共处

在之前昆士兰的故事中，哈钦森夫妇不得不接受房子的失去。他们后悔，他们留恋，他们不断自责，但是也不得不和挫折做朋友。怎么做呢？他们有以下几种选择：

1. 他们可以后悔，变得愤愤不平，把这件事情当作失败的故事来讲述。

2. 他们可以与失败共处，把失败当成人生的一个正常部分——一种提醒他们所有的失去，但是激励他们继续前进的刺激物。

3. 他们可以从失败中吸取教训，从而变得更有洞察力和智慧。

4. 他们可以重写这个故事。这真的是失败吗？如果失败也是人生的一个正常部分，那为什么我们要减少它？我们只要把失败当作人生的挑战就可以了。

最后，他们尝试了每一种方法。他们意识到这次失败并不属于一级失败，尽管一开始，失去的痛苦几乎掩盖了其他所有的感受和想法。最近他们说，第四个故事最有用。他们这样理解这次失败：

"人生就是这样。面对失败，我们没有能力回到过去，改写结局。我们不会把这件事或者我们自己妖魔化。我们有能力让当下尽可能充满快乐和感恩。行动起来吧！"[10]

米兰·昆德拉（Milan Kundera）在小说《生命中不能承受之轻》[11]的开头，讨论了轮回。他认为，永恒回归的前景之所以如此令人着迷，是因为我们有机会弥补第一世所犯的错误，从而有第二次，甚至是第三第四次机会去把事情做好。如果我们只能活一次，面对失败，我们就不能对自己太苛刻，毕竟我们以前没有这样做过。

我们也按照其他叙事手法生活着：虽然古希腊人（还有

约瑟夫·坎贝尔)将英雄神话当作人生故事,但他们也为我们呈现了一个具有两面性的悲剧/喜剧神话。在喜剧神话中,一切皆大欢喜。就像英雄神话一样,英雄修复了他的社会的缺陷,从此以后,除了反派,所有人都过上了幸福的生活。莎士比亚的喜剧和现代爱情喜剧也运用了相同的叙事手法。在喜剧中,所有的错误都只是误会而已,最终都可以圆满解决。1990年的电影《风月俏佳人》[12]就是一个例子。这部电影由朱莉亚·罗伯茨主演,讲述了一名妓女最终变成一位"公主"的故事,其童话般的情节和大团圆结局温暖了数百万人的心。这是一种由穷到富的叙事手法,它证实并增强了我们对"从此以后幸福快乐"的信念。这很好,但不是每个人都能这样。

希腊人的另一种叙事手法——悲剧——对待失败的方式更为现实。

悲剧里的挫折

我们很多人在中学或者大学期间研究过阿瑟·米勒(Arthur Miller)的《推销员之死》,并对其深恶痛绝。[13]为什么?因为它是关于失败、挫折、悲剧和自杀的。威利·洛曼、比夫和哈皮,还有威利的妻子,他们的日子都不好过。这不是好莱坞式的结局——它讲述的是一种无可救药的失败。

如果浪子犯完了所有的错误，而他的父亲不欢迎他回家，那该怎么办？

希腊人描绘了一种与喜剧相反的叙事手法——悲剧，在悲剧中，失败是不可战胜的。俄狄浦斯误杀了自己的父亲并娶了自己的母亲，他使整个王国陷入了毁灭，直至自杀。莎士比亚式的悲剧都遵循同样的模式：一个伟大的人有缺点，由于做了愚蠢的决定，他开始堕落并失去一切。

我们为什么要支持这样一种叙事手法？

因为，也许我们可以从中得到一些东西。希腊人称之为净化：涤罪或清洗，释放我们内心的负面情绪。通过间接体验舞台上的悲剧故事，我们可以净化自己内心的悲伤。为了公共利益，一个伟大的人必须被牺牲，但是没有人想成为那个失败的人。我们想要从那次失败中受益，而不是成为那个失败者。

莫泊桑（Maupassant）的短篇小说《项链》[14]讲述了一个骄傲、虚荣、年轻的法国女人借了一条价值百万美元的钻石项链去参加舞会，却弄丢了它，然后用余生来偿还它的故事。直到最后，她才知道那条钻石项链是假的，根本不值钱。这就意味着她所受的苦是不值得的。她的一生不仅一次失败，而且毫无意义。

但这个故事是有寓意的。如果她不是那么虚荣，她就会放下自尊，并把真相告诉那个借给她项链的人，她就不用经历那些悲惨的痛苦。她的故事本来很容易就可以改写，但她坚信自己的故事是一成不变的。

如果我们质疑那些我们视之为真的叙事，那么也许我们可以找到反叙事，从而使我们能够避免悲剧。

保罗，本书的合著者，是失败最好的朋友。他花了许多年的时间，试图在各种职业上取得成功，每一次努力都以失败告终。他意识到自己只在一件事情上是成功的——失败，于是他决定把自己的经历写成一份幽默的求职申请，并把它作为短篇小说寄给一家文学杂志。

你好，我应聘的岗位是：失败者

亲爱的先生/女生：

我想申请你们刊登在《每日太阳报》上的职位。虽然我的专长领域是自我毁灭和自我价值（或者说缺乏自我价值），我的工作主要是失望，但是我确实在失败方面有丰富的经验，这封信将努力说明这一点。

以下是我的工作经历的简要总结。

从4岁起，我就是一个失败者。从一开始，我就雄心勃勃，期望很高。我想从生活中得到太多的东西，结果却什么都没有得到。我想出人头地，结果却成了无名小卒。

我早年的职业理想是很崇高的：作家、电影制片人、电影明星、音乐家。在每个职业理想上，我都是一个始终如一的失败者。我最初的爱好是电影。在我的整个童年里，我的脑海里全都是牛仔和印第安人战斗的故事，我勾勒出错综复杂的谋杀悬疑情节，凶手躲在其他人物的阴影后面；我在脑海里一遍又一遍地回放（还要配上音乐）那些在非洲最黑暗的地方进行的疯狂冒险；我演出幸存者爬上无尽的沙丘，到达想象中的绿洲的场景。我满脑子都是创意。我花了几周、几个月、几年的时间，用橡皮泥一帧一帧地为火星上的小生物制作动画。我给好莱坞寄过计划书，给迪士尼邮过资助申请书，也给纽约蒂施艺术学院汇去过样品。我向往着，我梦想着。我注定要成为下一个卢卡斯、斯皮尔伯格和戈达德。我想，这是必然的，因为我是如此坚信这一点。

但我没有。

失败的一个重要组成部分，就是愿意一次又一次地去尝试。正是对成功的信念，在这方面给了我优势。

12岁时，我开始学习演奏吉他、键盘和鼓。我要成为下一个亨德里克斯、桑塔纳、邦·乔维。在紧闭的卧室门后，

第八课　逆转挫折，颠覆传统逻辑 | 161

我闭上眼睛，头上戴着耳机，从少年时代一直模仿到涅槃乐队，在想象的人群面前，女孩们一边欢呼一边尖叫，她们都为我倾倒。我加入了学校的乐队，但在我第一次也是最后一次参加的乐队争霸赛中，我们被击败了。

最重要的是，我想成为一名畅销书作家、平装书作家、诺贝尔奖得主。整个大学期间，我都在写情节概要，列出我要写的书的书名，在烟雾缭绕中跟其他想要成为作家的人讨论文学。在我20多岁的时候，我一直在写小说，但是一部也没有写完，一部也没有出版。我把它们送去了200多家出版社。我参加了所有能想到的作文比赛。每一次尝试，我的灵魂都仿佛被切成碎片；每一次拒绝，都是对一个业已伤痕累累的灵魂的又一次打击。

曾经有一次，我几乎快要成功了。黑鸟出版社想要看我的小说《失败》（关于一个失败的作家）并建议我重写。我重写了它。可以把标题和主角改了吗？让他更加……正面？当然。可以把结局写得更加乐观吗？当然。主角不要写得那么失败？当然，好的。然而最终，他们拒稿了，并称之为巨大的失败。（随函附上这封拒信，供您细阅，代替他们不肯给我的推荐信。）

我没有其他推荐信附上。不幸的是，所有跟我接触过的人都没有再联系过我，而那些联系过我的人都不记得我是谁,也不记得我取得了什么成就。

我的经历是深刻、广大而痛苦的。对那些说着"绝不会失败"然后失败了的人来说,他们在自己身上凿刻的伤口是巨大的。没人会说我过着浅薄的生活。我的伤口很深。

至于我的个人生活,我的亲密关系一直有问题。我多次坠入爱河,却从来没有得到过爱的回报,除非我的伴侣出于某种原因想要利用我,或者为了一己私利而让我做事。我的初恋是一个叫丹尼诗的女孩(13岁),由于当时14岁的我太过笨嘴拙舌,我眼睁睁地看着她对我的爱慕逐渐变淡,直到最后一丝也消失在她和我最好的朋友一起走向他们自己的夕阳时。我最接近成功的一次——我能感觉到——是我在网上认识了一个模特。她邀请我去洛杉矶。我乘着洲际航空、带着最贵的红酒、想好了浪漫的计划,可是在第一眼相见的时候——她可能是嗅到了失败的味道——她不知道怎的就有了个新男友,然后告诉我在洛杉矶想待多久就待多久,只要别出现在她周围。

在学业上,我选择了一条少有人走的路。我升到了研究生助理的位置,我并没有继续攻读博士学位,而是承担起了将学业搞砸的责任。我总是被尖锐的批评者冷落怠慢,感觉自己在他们面前反应又慢又迟钝。

求职则给我带来了海量的拒信,足以与我写作上的失败相当。最终，我勉强在一家二流商业公司（在《福布斯》全球2423强中，排名第2421）得到了一份临时工作，因为他们想要雇用的那个人突然不能来了，结果我就成了临时替补。我像是一个幽灵，没人看得见我，也没人给我一间办公室——没有人记得我叫什么名字，或者我在那儿是干什么的。过了一段时间，正式岗位有了空缺：我申请转正，但是这个岗位录取了一个长着大门牙的年轻毕业生（当然，我对大门牙没有任何敌意）。

我的守护神是圣犹大。

当然，失败只能用期许来衡量：我曾想成为一个运动健将，一个头脑敏锐的人，一个具有创造力的著名作家，一个电影明星，一个走到哪里都会有人在后面窃窃私语"就是他！"的人，一个拥有超凡绝伦的天赋、开创了新流派的音乐家。如果是电影制片人也很好，我就可以创造出艺术上的奇迹。但是……但是……我的简历上填满了遗憾。

我的灵魂受到了重创。如果灵魂是可见的，你就能够看到那些伤疤，那些历史遗留下来的痕迹。就像一块海绵，它吸收了来自社会的毒药，现在已经失去了行动的能力。它在谨慎的怀疑主义中步履蹒跚，我的乐观主义已经破灭，失败的阴影无处不在，我有一个永久的心理弱点。

您对这样一个人感兴趣吗？我足够强大，可以在没有希望的情况下继续保持阳光,也足够理想主义,可以向更大的痛苦迈进。

我有精力、有动力、有内心的黑暗,我会一次又一次地去尝试。这都是出于绝望。我拒绝作为一个一事无成的无名小卒进入历史的长河。

如果您对我的申请感兴趣,我期待着得到您的回复(我知道您不会感兴趣,但我永远充满希望……)

感谢您的考虑。

敬上。[15]

具有讽刺意味的是,保罗将这个故事寄到了所有他认为会感兴趣的杂志社。结果它们全都拒绝了。失败显然不是一个好话题!

但是对保罗来说,以失败为主题写这封信,成了他的一次净化。这种创造性的行为帮助他以一种讽刺的眼光,看待他所觉察到的缺点以及他对失败的看法。此后,他不再那么把自己当回事了。

在最后一次被拒后不久,他在一所大学找到了一份教授英语的工作。他的短篇小说也开始出版。他可以把这个失败的故事当作通往成功的故事来讲了。

也许我们唯一真正拥有的自由,就在我们讲给自己的故事中，在我们围绕生活事件所创造的叙事手法中。如果说故事塑造了我们的人生，那我们就有能力去改变叙事手法，重新讲述我们那些关于失败和成功的故事。我们有能力去改变我们看待过去、现在和未来的方式。

观点总结

- ➢ 一切都是故事：我们讲故事的方式会深深地影响我们的生活。
- ➢ 故事塑造着我们：《浪子回头》强调，即使在人生中失败了，学会慈悲、共情和感恩本身就是宝贵的成果。
- ➢ 我们希望我们的人生能沿着英雄之旅的轨迹发展，当人生不是这样时，我们就会崩溃。
- ➢ 我们通常意识不到，我们其实受到了一种社会叙事的影响。在这种叙事中，从失败走向成功，是唯一可接受的情节主线。
- ➢ 撰写反叙事能够解放我们，让我们变得真实，赋予我们面对现实的力量。

怎样看待人生中的挫折

我们可以自由地选择以任何方式来看待人生中的挫折。以下是一些建议：

- 英雄之旅式策略：把挫折看成旅程的一部分，是必须被克服的。
- 悲剧英雄式策略：了解如下模式：识别缺陷，并理解一开始是什么导致了它。也许其中有些教训可以吸取，也许没有。
- 《迷失太空》式策略：接受无法挽回的事情，不要为结果而责备自己。我们没有时间机器来弥补过去，所以不要太为难自己。
- 利用好当下的时间，重写关于失败的故事。
- "我总是失败"意味着你正在给自己挖坑。那真的是失败吗？前进的方法是在第七课所提想法的基础上，讲述一个新的故事。

参考文献：

[1] 梅尔－马德罗纳，刘易斯.用故事的力量治愈心灵——叙事精神病学的前景[M].佛蒙特州罗彻斯特：Bear & Company 出版社，2010. 2.

[2] 同上，8。

[3] 回到未来[影片].导演罗伯特·泽米吉斯.加州环球城：环球影业，1985.

[4] 埃尔赛瑟，托马斯，沃伦·巴克兰.当代美国电影研究：电影分析指南[M].伦敦：布鲁姆斯伯里学术出版社，2002：234.

[5] 坎贝尔，约瑟夫.千面英雄[M].诺瓦托，加利福尼亚州：新世界图书出版社，2008.

[6] 英雄的旅程[G/OL].维基百科.2017-01-23. https:// en.wikipedia.org/wiki/Hero's_journey.

[7] 毕肖普，伊丽莎白.一种艺术.诗歌全集：1927—1979[M].纽约:Farrar, Straus and Giroux 出版社，1983.

[8] 格里，玛莎·哈钦森. 2016年. 作者访谈. 为保护隐私已化名。

[9] 迷失太空 [影片]. 洛杉矶世纪城，加利福尼亚州：哥伦比亚广播公司，1967.

[10] 哈钦森，访谈。

[11] 昆德拉，米兰. 生命中不可承受之轻 [M]. 纽约：哈珀永恒现代经典出版社，2005.

[12] 风月俏佳人 [影片]. 加里·马歇尔执导. 洛杉矶：美国滚石影业，1990.

[13] 米勒，阿瑟. 推销员之死. 纽约：摩洛斯科剧院，1949.

[14] 莫泊桑，居伊·德. 项链. 勒伽罗瓦，1884-2-17.

[15] 威廉姆斯，保罗. 申请失败职位. 2017年. 未发表。

第九课　突围法则一：重塑挫折观

在本课中，我们将探讨不同的哲学世界观以及它们是如何处理挫折的。世界上没有一种"正确"的观点，也没有一种适用于每个人的观点。在这些世界观里，有一些你可能会觉得非常有道理，而另一些则会让你嗤之以鼻。这一课的目的不是给出一个如何处理失败的答案，因为没有一种哲学适用于每个人。相反，我们提供不同的观点、不同的方法供你去体验，我们还会做出总结，这样你可以看到你和别人世界观的契合点在哪里。

我们讲给自己的关于失败的每一个故事，我们关于失败的每一个观点，都有其远古的根源。我们的反应，我们对所谓"失败"的叙事，很大程度上是由我们的世界观、我们的人生观决定的。从公元前 400 年左右，哲学在古希腊、中国和印度诞生之初，哲学家们就开始了对"失败"这个话题的讨论。

重塑利器之一：理想主义世界观

古希腊：柏拉图的洞穴寓言

在《洞穴寓言》中，希腊哲学家柏拉图（公元前4世纪）证明物质世界只是一个幻象，是一些阴谋集团为我们构建的现实，他们用图像来迷惑我们，使我们以为这就是真实的世界。这则寓言是在电影和电视问世的两千多年前出现的（公元前380—公元前360年），但是其中包含了一个强有力的信息，好像柏拉图预测到了媒体催生的影像对我们的现实感知的影响。

以下是该寓言的摘要：

有一群人生活在地球最深处的一个洞穴里，他们彼此被锁在一起，并且最终被锁在一块巨大的岩石上。他们排成一行站在山洞的深处，看着山洞墙上的影子。操纵者移动图像，并用火焰将影子投射到墙上，他们控制着这些人所看到的一切。对这些一无所知的人来说，这些影子就是真实的世界。他们相信这些影子，因为这就是他们所能看到的。有一天，一个人挣脱了锁链，他被一种无名的力量所吸引向洞穴外爬去。最终他踏出洞穴，到达了真实的世界，看到了阳光。一开始他被阳光晃瞎了，当他的眼睛适应过来，他看到了一个宏伟的世界，这个世界充满了色彩、光明和美丽。他惊恐地意识到自己一直信以为真的东西，只是真实事物的一个影子。现在他已经逃出洞穴，进入光明，看到了这个世界，他看到的树、天空、动物和人都是"真实"的事物。他受到鼓舞，却也不知所措。再次回到洞穴，他急于告诉每个人他们的世界都是幻象，只要他们愿意跟随他，就可以看到外面真实的事物。起初他们只是嘲笑他，当他过于执着时，他们就以威胁现状为由将他处死了。

这是一个奇特的寓言，但我们都能理解。如今虚拟现实和强大的媒体就是我们现代的"洞穴"，它构成了许多人生活于其中的"现实"世界。我们追逐着那些影子，仿佛它们是真实的，与此同时，我们与自然、其他真实的人类、新鲜空气和阳光逐渐失去了联系！

柏拉图的理论是一种世界观的基础，这种世界观比其他任何世界观存在的时间更长，也是大多数宗教信仰体系的中心，即这个世界是不真实的。它是有缺陷的。它只是真实事物的一个劣质的复制品，而真实事物在其他地方，在精神世界里。

那么，这和失败有什么关系呢？柏拉图认为，我们对成功、对完美的渴望注定会失败，因为我们身处洞穴中，周围的一切都是我们自己的幻想。我们必须停止追逐这些虚无的事物，不再相信它们是真实的，因为它们并不是真实的。

我们当中的柏拉图主义者，其中包括各大宗教的信奉者，都相信世界从本质上讲是不完美的，所以无论如何尝试，人们都无法在这一生达到完美，我们只能努力改进，最终值得安慰的是，失败是内置的。我们会失败，我们会无法实现目标，我们会死。而我们的希望是除了不完美的今生，我们还能拥有更多。

小说家科马克·麦卡锡（Cormac McCarthy）（著有《路》《骏马》和《老无所依》）曾经罕见地接受了奥普拉·温弗瑞的采访，在谈到小说创作时，他把自己描述成一个柏拉图主义者：

你脑海中总有这样一个完美的意象，尽管你永远无法实现它，但你总是试图要去实现它。那是你的路标和向导，你不能把所有事情都弄清楚，你只能信任它，不管它来自哪里。[1]

把物质世界及其所有的挣扎和失败都看作洞穴壁上的阴影，能够使我们从中分离出来，因为比起"真实"的精神世界，这些都没那么重要。柏拉图的洞穴寓言给我们提供了这样的视角。

重塑利器之二：现实主义世界观

罗马哲学与明智失败的艺术

与柏拉图的理想主义人生哲学和相应的精神世界观不同，希腊哲学中的斯多葛学派和伊壁鸠鲁学派对失败有不同的态度。这两种哲学一直延续到现代思想中：罗马人寻求实际的生活方式，因此这些哲学观点被认为是一种艺术。

伊壁鸠鲁派哲学

伊壁鸠鲁（约公元前341—公元前270年）是唯物主义哲学家，他不同意柏拉图的理念世界，不相信诸神的存在，不相信神谕，也不相信精神世界高于物质世界的二元宇宙。对伊壁鸠鲁来说，在今生获得快乐就是最高的善，这种快乐来自挣脱恐惧和疼痛的束缚，即平静和无痛。伊壁鸠鲁倡导我们过一种没有恐惧和痛苦的生活，因为这足以给我们带来幸福。

伊壁鸠鲁认为，我们需要培养一种"不可动摇"的品质、性格或心境，这是一种"不受干扰的平静"，或者说是对我们已有的东西的一种慎重的感恩。他认为，我们痛苦是因为我们渴望和追求我们所没有或者不能有的东西。如果我们能顺其自然、与事物的自然状态保持一致，而不是把我们的人生看作一次又一次的失败，我们就可以享受到"存在的纯粹的快乐"中，并在我们的存在中获得快乐。[2]

伊壁鸠鲁的人生观没有把现实、不完美和失败当作虚假的影子，或是相信这个物质世界之外还有完美的精神世界，而是谦逊而简单地生活，尽量避免或减少恐惧和痛苦。只有我们无法远离恐惧和痛苦时，失败才是显而易见的。

斯多葛派哲学

另一种罗马的人生哲学——斯多葛派哲学，在现代思想中认为是一种"逆来顺受"的哲学，对人生的艰难采取认命的态度。如果我们称某人为"斯多葛主义者"，我们钦佩（或许不钦佩）他们忍受困难、逆境和失败的能力。与伊壁鸠鲁派不同，斯多葛派哲学认为许多事情不在我们的控制范围之内，失败是我们的常态：疾病，死亡，失去爱人、财产或财富都是我们必须面对的现实，我们都会受到这种失败的影响，我们所能做的就是接受命运的无常。斯多葛派哲学认为，世上没有神，只有生活，而且生活是不公平的。我们最好的办法是认识到生活的不可控性，所以我们需要勇气去忍受、接受和理解生活。

塞涅卡是古罗马的斯多葛主义者，建议人们学习明智地失败的艺术，把无法成功当成意料之中的事，因为"没有一种结果会超出智者的期待。"[3]

斯多葛主义者实行"消极想象"的方法，即预测可能发生的错误、最坏的情况以及超出他们控制范围的情况。有时如果我们想要避免失望，这是一个很好的策略。期待失败。顺从不一定是消极的，顺从意味着接受这个世界是由失败构成的，这就是世界的运转方式，这并不是一个完美世界，我们最终都会失败，我们会生病、衰老、死亡。最后，无论我们拥有什么理想，我们都必须认识到追求完美注定会以失败告终。

重塑利器之三：现代哲学中的存在主义与荒诞哲学

存在主义出现在 19 世纪末和 20 世纪的欧洲，它认为世界是无意义和荒谬的，因此我们必须使我们的生活变得有意义。它促使我们在死亡、失败和荒凉虚无的背景下，活得更加积极、更加真实。

对存在主义者来说，真实生活的起点是认识到生活是绝对无意义、荒谬和混乱的，没有上帝或者智能设计，没有一个体系能够帮助我们理解生活，一切都向着无序和腐朽的方向发展，没有大计划。我们应该摒弃"坏的信仰"（空想的、不真实的、未经检验的世界观），以热情和真诚的方式生活，我们应该是现实主义者。

在今天，这种世界观随处可见。科斯蒂卡·布拉达坦（Costica Bradatan）在《纽约时报》的文章《赞美失败》（In Praise of Failure）中指出，在一个荒谬的世界里，失败是自我实现的必要步骤：

> 失败就像是虚无突然闯入存在之中，经历失败就像是看到了存在中崩开的裂缝，与此同时，如果能够很好地接受这些裂缝，我们反而会因祸得福。因为正是这种潜伏的、持续的威胁使我们意识到我们存在的特殊性：尽管我们完全没有存在的理由，我们终究还是存在，这本身就是一个奇迹。知道这一点，给了我们一些尊严。
>
> 失败还具有治愈的功能。我们大多数人（最有自知之明或者开明的人除外）因为对生存的不适应而长期受苦。我们难以抑制地认为自己非常重要，世界好像只围绕着我们转；当我们陷入困境，我们会像婴儿一样，把自己放在宇宙的中心，并希望全世界时刻为我们服务。我们不停地吞食其他物种，剥削地球上的生命，让地球变成垃圾场。失败是治疗这种傲慢自大的良方，通常还会使我们变得谦卑。[4]

存在主义哲学家让-保罗·萨特同意这种观点。他坚持认为："所有人类的行为都是一样的，原则上都注定要失败"[5]，"而荒谬是因为世界无法满足人们的期待而产生的"[6]。如果采纳这种世界观，我们就必须选择有意识地生活，摆脱坏的信仰，为我们的生活创造意义。

阿尔贝·加缪是荒诞哲学的代表，他用古希腊神话里的西西弗斯来证明自己的哲学。在神话中，作为对违背神的惩罚，西西弗斯必须把一块巨石推上一座小山，当他到达顶部时，巨石会再次滚回山脚，他必须再次把它推回山顶。

直到永远。

加缪想知道这个可怜的人在做这项毫无意义的工作时，脑子里在想什么。他是否在思考生活的无意义，他所做的一切是多么无意义？他是怎么应对的？他是怎么每天醒来过着如此荒诞的生活的？因为这不是一场他征服邪恶并获得成功的旅程，也不是上天对他的考验。他的一生什么也没达成，是彻底的失败。那么，他是如何从这些无意义的事物中获得意义的呢？推而广之，加缪是在说我们的生活就是这样的，因为无论我们多努力实现目标，最终我们都难免一死。我们会失败，那么我们该怎么做呢？难道要放弃吗？

加缪认为存在主义能够提供在这种荒诞环境下创造意义的方法，西西弗斯必须使这个荒诞的任务变得有意义，他尽其所能地表现出生活很有意义的样子。

换句话说，他失败得很精彩。

对于一级失败，我们所能做的就是接受悲惨的失败并继续前进。我们要从无意义中创造意义，如果我们失败了，如果我们让石头滚回山脚，我们不会跺脚哭泣，也不会放弃，我们会坚定不移地回去再推一次。因为我们知道会失败，这就是生活，我们会接受失败是一种常态。我们拥有失败。日复一日，我们让它成为生活的一部分。

> 他的命运属于他自己，他的石头受他左右……荒谬的人说"好"，然后便会不停地努力。迈向高处的挣扎足够填充一个人的心灵。人们应当想象西西弗斯是快乐的！[7]

加缪认为通过控制我们的行为并承认我们过着荒谬的生活，我们生活中的失败将变得有意义：因为我们拥有这些失败，正是这些失败使我们成为现在的我们。

加缪的意思是，你必须忍受，因为你对此无能为力。从这个角度来看，失败只是你每天吞下的苦药丸。

对我们每个人来说，存在主义的价值在于有时候放弃一些我们无法改变的事情是最好的，不撞南墙不回头只会让我们崩溃。

热力学第二定律指出，任何孤立的系统都有一种自然的倾向，即退化为无序的状态，或者用我们的术语来说，倾向于失败。我们不能反对这条定律，正如我们不能反对地心引力。

想想"墨菲定律"：凡事只要有可能出错，那就一定会出错。这里没有宏伟的目标，我们只能靠自己去开拓，尽力做到最好。生活是艰难的，但我们必须竭尽所能地去创造意义。

重塑利器之四：新纪元哲学与正面思考

许多现代哲学对挫折抱有一种更加正面的看法，这是一种乐观主义的世界观，他们认为我们可以改变任何情况，并通过我们的意志和理智获得力量，以避免失败或将失败转化为成功。无数的新纪元哲学包含着一个灵性的层面和一种普遍的"道"。他们唤起人们对宇宙的信任，相信宇宙有一个计划，相信万物互联。许多新纪元哲学认为沉溺于消极的事物，比如失败，是不好的，因为这样做，我们就会吸引失败，我们需要摆脱失败与消极的思考方式。

我们的儿子詹姆斯在就9岁时非常热衷于修剪草坪。有一次去祖父母家时，他发现了一台带有延长线的电动割草机，这台割草机连接电源就可以在院子里割草了，他很想试试看。但他的祖父母很担心，并对着他大声地发布指令："割草时不要割到电线！"正是因为他转身去听他们说话，他割到了电线，一瞬间割草机短路，并发出了一声巨响、呲嗡声和烟雾，他们担心的事情还是发生了。这个故事的寓意是，你越害怕失败，你越沉溺于失败，你失败的可能性就越大。

传闻西格蒙德·弗洛伊德曾经讲过这个故事，两个孩子将要去拜访新来的牧师。她们的母亲警告她们说，新牧师非常在意自己的大鼻子，所以她们绝对不要提到他的鼻子，或盯着它看，也不要咯咯笑。女孩们郑重地答应了，事情也一直进行得很顺利，直到有一个女孩给他端茶。"你想要在鼻子里放点糖吗？我是说在茶里。"

弗洛伊德用这个故事说明了被压抑的欲望是如何浮出水面，即现在的"弗洛伊德式口误"，但这个故事也说明了我们将如何陷入失败的引力中。

我们经常经历这样的事情：明天有一个重要的会议，必须保证今晚的睡眠质量，所以我们彻夜难眠；我们将要发表重要的演讲，必须保证记得重要的演讲词，所以我们演讲时大脑一片空白。如何避免由于害怕失败而无意识地滑向失败呢？放松，接纳，承认我们的弱点，不要刻意回避它们。

相反地，根据这些哲学，专注于成功可以带来更积极的结果。马蒂·麦克弗莱（Marty McFly）的父亲让我们想起了美国梦："有志者，事竟成。"

正念、正面思考和有意识的生活，这些新纪元的观点认为失败是一种心灵的状态，我们可以利用宇宙的力量来克服它，走向成功，成为我们注定要成为的人。

正面思考让许多人走得更远。诺曼·文森特·皮尔（Norman Vincent Peale）的《正面思考的力量》[8]（The Power of Positive Thinking）一书影响了一代又一代人，他们利用这种力量克服了导致失败的消极态度。同时又有数以百万计的人被这种思想的阴影所笼罩，尽管他们正面思考，还是遇到了意想不到的不幸和结果，他们会想："这一定是我的错，我是一个软弱无用的人，我的正面思考显然还不够正面，我把这些坏事都吸引到我身上来了，所以，不管怎么说，都是我活该。"这既不是一个令人欣慰的故事，也不是一个有用的故事。

在一篇谈论"盲目乐观"的文章中，安迪·马丁认为我们正在受到一种"无处不在的夏威夷化"的影响，如果我们想要面对失败，这种"盲目乐观"就需要被解构：

理解为什么我们如此痛苦，我们就能减少一些痛苦；能够理解糟糕的感受，我们就会好受一些。换句话说，我们需要一种体面的失败哲学，以免每个人都在想自己是什么样的失败者。[9]

重塑利器之五：禅宗与挫折的艺术

1974年，罗伯特·波西格（Robert Pirsig）的开创性小说《禅与摩托车维修艺术：对价值观的探究》（Zen and the Art of Motorcycle Maintenance: An Inquiry into Values）提供了一种奇特的现代哲学，并对失败进行了有价值的讨论。在这部非同寻常且可读性很强的哲学小说中，波西格通过修理和维护摩托车的故事框架对人生进行哲学思考。这本小说试图回答一个哲学问题：我们如何应对失败？答案是什么？我们先要了解波西格所说的"勇气"。

如果你想要修理一辆摩托车，首要的也是最重要的工具就是足够的勇气。如果你勇气还不够，最好还是把其他的工具都收起来，放到一边，因为它们对你毫无用处。勇气是让整个事情继续下去的精神汽油，没有它，你就不可能修好摩托车。如果你有了它，并且知道如何保持它，那么全世界都无法阻止你把摩托车修好。这是必然会发生的。所以，在开始之前，就必须具备勇气，并且始终保持勇气。

在修理机器的过程中，各种事情都会发生，比如劣质的零件，从一个沾满灰尘的连接部位，到一个意外损坏"不可修复"的配件。这些会耗尽你的勇气，消磨你的热情，让你气馁，很想撒手不管。我把这些叫作"勇气陷阱"。[10]

波西格描述了我们应该如何在逆境中坚持不懈，运用我们的"常识、机敏和主动性"，避免陷入悲观和失败的"恶性循环"。一旦我们知道这个"陷阱"，我们就可以克服它。心理学家马丁·塞利格曼把这种"勇气陷阱"称为"习得性无助"，即因生活的坎坷经历而气馁。[11]我们从前面的内容中了解到，失败的感觉往往会形成一个心理循环，我们觉得自己越来越像一个失败者，因此"失败"的可能性也越来越大，通过驾驭"勇气"，我们可以打破这个循环。

显然，我们讲给自己的失败故事是由我们的信念体系、我们的人生哲学决定的。大多数人都不知道自己在按照特定的哲学生活，但是我们都是这样生活的。因此，我们可以将失败视为一个错误、一个挑战、宇宙结构中不可避免的一部分。最重要的是，失败不是一个固定、客观的"东西"，失败是一个概念，我们可以改变对这个概念的看法。我们没有陷入任何世界观或哲学观之中，通过观察越来越多元化的世界观，我们把它们看成一些框架而不是绝对真理。我们可以挣脱这些世界观对我们的束缚，跳出基因决定论和社会决定论的牢笼，让我们的思想变得更自由。

科斯蒂卡·布拉达坦说："我们都会以失败告终，但这不是最重要的事情；真正重要的是，我们是如何失败的，以及在这个过程中我们获得了什么。"[12]

怎样看待哲学里的挫折

> 柏拉图主义：这个世界上没有什么是完美的，你所有物质上的失败和成功，都是你在虚假的洞穴里制造的影子。

> 希腊哲学：有一种艺术可以让你的生活越过各种阻碍和失败。即使失败了，你也能使自己的生活过得幸福。

> 理想主义世界观：所有的失败都有更高的目标，接受失败是更大计划的一部分。

> 存在主义：充分利用你在生活中所拥有的和所给予的，从所谓的失败中创造意义。

> 禅宗：避免陷入勇气陷阱的恶性循环，采取实际步骤避免失败的陷阱：
> 1. 找出问题的根源。
> 2. 制订计划避免将来同样的错误。
> 3. 将每个错误视为暂时和孤立的。

参考文献：

[1] 康伦，迈克尔. 作家科马克·麦卡锡向奥普拉·温弗瑞吐露心声 [N]. 路透社，2007-06-05.

http://www.reuters.com/article/2007/06/05/us-mccarthy-idUSN0526436120070605.

[2] 康斯坦，大卫. 伊壁鸠鲁. 斯坦福哲学百科全书，2016 年秋季版 [M]. 编辑：爱德华·N. 扎尔塔 .2017-03-06.

https://plato.stanford.edu/entries/epicurus.

[3] 塞涅卡. 论心灵的平静. 斯多葛主义者的读者：精选的著作和证词 [M]. 马萨诸塞州剑桥：哈克特出版公司，2008.

[4] 布拉达坦，科斯蒂卡. 赞美失败 [N]. 纽约时报，2013-12-15.

https://opinionator.blogs.nytimes.com/2013/

12/15/in-praise-of-failure/?_r=0.

[5] 霍里根, 保罗·杰拉尔德. 萨特的无神论存在主义. 上帝的存在和其他哲学论文. 印第安纳州布卢明顿:iUniverse 出版社, 2007.

http://www.academia.edu/9966165/Sartres_Atheistic_Existentialism

[6] 所罗门, 罗伯特. 从理性主义到存在主义:存在主义者及其19世纪的背景[M]. 兰厄姆, 医学博士:罗曼和利特菲尔德出版社, 2001.279.

[7] 加缪, 阿尔贝. 西西弗斯的神话[M]. 伦敦:哈米什汉密尔顿有限公司, 1955.

[8] 皮尔, 诺曼·文森特. 正面思考的力量[M]. 纽约:试金石出版社, 2003.

[9] 马丁, 安迪. 反对幸福:为什么我们需要失败哲学[J]. 展望杂志, 2014-08-01.

http://www.prospectmagazine.co.uk/arts-and-books/ against-happiness-why-we-need-a-philosophy-of-failure

[10] 波西格, 罗伯特. 禅与摩托车维修艺术:对价值观的探究[M]. 纽约:Vintage 出版社, 2004.

[11] 塞利格曼，马丁. 习得性无助 [A]. 医学年度回顾,1972,23（1）:407-412.2017-03-06.

http://www.annualreviews.org/doi/abs/10.1146/annurev. me.23.020172.002203

[12] 布拉达坦. 赞美失败 [N].

第十课　突围法则二：把"挫折"从你的人生字典中抹掉

无论我们持有何种哲学世界观，无论我们对人生和失败的看法如何，请仔细考虑这一点：只要我们作为人类在这个星球上生存和进化，我们便始终会在生活的各个方面参与试错。毕竟，这就是过去40亿年地球上发生的事情。这种情况可能会持续一段时间。

作为一个物种，我们有时会达到我们设定的目标，然后设定新的目标并持续地去达成。我们可能会落后于一些人，有时也可能会在寻找一些东西时，发现另外一些全新的东西。

在过去的两百年里，我们慢慢地把失败这个词和失败的概念，变成了某种可怕的东西。我们的孩子、我们的内科和外科医生，以及我们许多人都如此害怕——为了避免在生活中被贴上"失败者"的标签，我们什么事情都会去做。有很多书和文章在鼓吹科学和创新发明领域的失败，我们从中可以明显地看出一股在失败中看到价值的思潮。我们认为这是一个好的开端。可是，只要我们仍然被"失败"这个词及其当今的含义所束缚，当失败降临到我们身上，当我们被贴上"失败者"的标签，又或者当我们给别人贴上"失败者"的标签时，我们很可能就无法逃脱失败的阴影。这就导致了当今有很多压力，对我们的生活产生了负面影响：我们的孩子有时宁死也不愿失败；我们的医生宁愿隐瞒真相，也不愿让自己看起来像个失败者；作为单位员工，我们宁愿掩盖自己的失误，也不愿让人发现我们犯了错。

"失败"从未远离我们的日常对话。在电视上、工作中、学校里、个人交际中，我们都能听到它。结果就是，你会觉得自己不值得，不如他人优秀。但是，当我们开始消除失败这个词语和概念时，一切的重点就改变了。没有人是失败的。每个人都处在一个连续体的某个点上。有一些大学相当成功地消除了失败这一观念，比如，俄勒冈的里德学院、新佛罗里达学院、华盛顿常青州立学院。这些大学给了我们希望。我们可以在整个教育行业，以及生活中的其他领域采用这种方法。在这些不以成败论英雄的大学里，学生们的表现十分优异，后来都成了律师、医生、记者和社会工作者等等。有足够的证据表明，我们不再需要胡萝卜加大棒的工业模式——将学生视为一种潜在的经济单位，需要通过刺激他们来填补劳动力的缺口。这种模式早就不适用了。无论我们拥有什么样的人生哲学和人生故事，如今都是时候将失败从教育和人类活动中抹除了。如果我们谈论的是意想不到的结果，而不是失败，那么当年轻人学习、探险家出发、科学家研究发明时，我们就能更精准、更有力地描绘出社会上真正在发生的事情。这些人没有失败。他们从来就不应该把自己想象成失败者。学生、科学家和企业家正在世界各地努力工作，他们发现了100种行不通的方法。他们在实验甚至玩耍中，发现了意想不到的进步的可能性。他们是在解决问题的过程中不断学习。他们中有一些人成长得很快，另一些人则进步得慢一点，但在这个过程中，有趣和意外的启示不断涌现出来。我们的语言和哲学观念，需要反映出这些。

似乎，如果我们能够改变自己看待失败的方式，当我们说某件事或某个人失败的时候，我们就能消除那些由耻辱所带来的情感和心理上的痛苦。

如果我们相信人生就是通往顶峰的一系列阶梯，那么我们大多数人都是失败者。如果我们把梯子拿走，就没有一个人是失败者！我们只是处在一个连续体的不同点上。人生是一个故事，而不是一场赛跑。

是时候用爱和希望、用对个人意义和成就的渴望来取代恐惧了。这些是不可测量的、不依赖于物质或金钱收益的。

想象一下，我们不再用那些概念，让每个人怀着对失败的恐惧，去摧毁我们自己和同事、我们的雇员和雇主、我们的伴侣和家庭。当我们生活在失败的概念中时，我们扼杀了与生俱来的好奇心，这种好奇心让我们这个物种能够以如此壮观的方式进化。为了使我们的未来真正变得更美好、更光明、更有希望，我们必须停止压制千百万儿童的好奇心，停止压制所有具有创新精神和创造力的人们的好奇心，因为他们正在努力学习适应一个世界，一个我们现在还无法想象其未来的世界。

我们的一级失败是最困难的，因为它们是灾难性的。当然，当我们以这种新的视角看待二级失败和三级失败，我们就开始明白，我们越接纳那些意想不到的结果是人生在世的必然经历，我们就越能够从这些失败中学习，并继续过上有意义的生活，即使这些失败还会影响我们。无论我们是宗教信仰者、无神论者还是不可知论者，我们都会面临事与愿违的现实。我们是人类，我们在这个星球上的时间是有限的，但我们大多数人都想充分利用这段时间，而这可能是充分利用时间的一种方式。

在现实给我们呈现一个有着内在隐藏价值的所谓失败时，我们对成功的追求、我们设定目标和取得更多成就的驱动力，导致我们害怕或者掩盖我们的"失败"。这就是关于"失败得更好/更快/更早"的著作不够深入的原因。这个世界观迈出了很好的一步，它试图给我们称之为失败的经历重新赋予一种正面的价值……毫无例外地，整个社会继续以成功/失败来评判我们，给我们贴上标签，而失败几乎总是伴随着耻辱和指责。

在对"失败"这个词的传统认识和使用方式上，我们需要采取激进的立场。对一些人来说，转变观念可能很有挑战性。这可能会动摇以前的信念，但这很好，因为如果我们能够把成功/失败的连续体看作我们构建的一个故事，我们就自由了。我们可能再也无法用同样的眼光看待教育行业或整个人类活动，这将让我们自由地去做事并获得成就，在教育、商业、医学和我们自己的生活中取得进步，这些都是对我们有好处的。这可能会改变我们对目标和个人成功的看法。

一旦我们以一种新的方式看待生活中那些意想不到的结果，许多事情都可能会改变。比如，有人曾经相信或做出如下假设："失败太糟糕了，我的目标是让我所做的每一件事都成功。"这些人可能会转变他们的观念，选择相信"生活就是与意想不到的结果做斗争，而我有足够的智慧来应对即将到来的挑战"。

态度的改变可能会让我们改变处理意外结果的方式，即便是在最小的事情上。比如，当你的孩子把果汁溅到你正在读的书上时，你应该说："哎呀！嘿，迪伦，我们去拿抹布把这些弄干净吧。"("让我们尽力去解决这个突发事件。")而不是"你真笨,迪伦!"(换句话说,"你失败了,孩子!")。

以下是一些人的思路,他们已经找到了与生活的弧线球——从一级失败到三级失败都有——做斗争的方法。

米歇尔·杰拉尔德(Michelle Gerard)[1]告诉我们,最近发生的一件事改变了她对那些不愉快经历的反应。孩子们刚刚搬出去,而她决定给自己买一辆可爱的小汽车,只给她自己。多年来,她的女儿们已经毁了她的车,她们用这辆车学会开车,然后开着它去上学、去参加体育活动和音乐表演。现在她进入了一个新的阶段,新车代表着她刚刚获得的自由。她对这辆车有非常强的占有欲,甚至不想让她的丈夫开这辆车,在一段时间里,她对这辆车的爱超过了其他所有东西。

然而有一天,她把车停在购物中心,结果车被撞了。车上有被撞击的痕迹,也有剐痕,车被毁得很严重。她被激怒了。她说:"我不敢相信他们竟然会那么做!他们连电话号码都没有留下!一点礼貌都没有!"她说她痛斥了这些人的恶劣行径、这一切的不公正,过了好一会儿才住口。

我意识到这辆车只是一个物件。我为了一个物件,为了一件无法改变的事情,变得如此情绪化。接着,有些事情发生了:我不再被物质所牵绊。我只是把一切都放下了。这不值得我承受压力。它只是一辆车。我接受现在发生的事情。我喜欢我的车，但我愿意让任何人去驾驶它，而且我打算不再在物质上给自己投资。

朱尔斯·伯斯坦（Jules Berstein）[2]住在加利福尼亚。当第一次攻读建筑学学位时，他的压力很大。因为此前，他没有将工程学学位攻读下来，已经辍学好几年了。

我变得很兴奋。我入学后，不到三个月，第一次躁狂便发作了——我被吓坏了。我陷入疯狂，我看到宏伟的幻象。这是一种极度偏执、灵魂出窍的体验。你认为一切都为你而来，你甚至认为你在用眼睛移动周围的人——你觉得自己有这种能力。我说了很多话，大部分是废话。

我有躁郁症的所有症状，却没有被诊断出来。情况太严重了，我离开了学校，这件事成了我人生中的一大污点。从此以后，它就一直萦绕在我的心头。

朱尔斯的生活并没有变得轻松。他遇到了一个漂亮的女孩，但他最终被诊断为躁郁症（双相情感障碍），并接受了治疗。可惜接着他丢掉了工作，并试图割喉自杀。在他康复后，他和女朋友结婚并生了两个孩子，但当两个孩子刚刚10岁和13岁时，他的妻子死于乳腺癌。

令人难以置信的是,一旦和孩子们单独在一起,他的躁郁症就再也没有发作过。他说,这是为了生存。但他学到了一些东西:

"首先,尽管我有很多压力,而压力通常是触发因素,但不知怎的,我成功避免了病情发作——我把注意力集中在孩子们身上,这成了一个生存问题。我想,我甚至连伤心的时间都没有——我只是决定要活下去。"他说,他相信孩子们是他的守护天使。他必须待在他们身边,他不能失控。

其次,他也学到了一些别的东西。他知道当他狂躁或抑郁时,世界看起来完全不同。所以,当他最近变得极度抑郁时,他的元认知能力发挥了作用,让他很好地学到了这一课:"生活告诉我,事情最终将会好转。如果是与情绪有关的,那么这种状态就会影响你的世界。我能够挺过这次(最近的抑郁)风暴,是因为即使在最深的抑郁之中,也会有一线希望,无论这希望多么微弱。"他说,理解了不同心境是如何影响他的世界的,他就能够"不再走到那种境地"。

我们大多数所谓失败的痛苦,在于我们认为事情应该怎样和事情实际上怎样两者之间的差距。

如果我们能够灵活地处理我们的想法,因为我们明白世界上有很多东西是我们无法控制的,进而认识到我们需要充分利用好每一种情况,又会如何?

消除挫折

让我们想象一下,把"失败"这个词和概念从我们的话语中删去。那些与意外结果相伴随的真实体验,那些失望、悲伤和挣扎仍然存在,但我们可以改变我们的叙事手法,从而改变我们的反应。

彼得·比勒陀利乌斯(Peter Pretorius)出生于南非。1959年,他是一个健康快乐的男孩,九个月大的时候开始学会走路。他两岁的时候,在他的姐妹们接种脊髓灰质炎疫苗的那个星期,他得了流感,没有接种疫苗。两个月后的一天早晨,他的母亲醒来,发现他瘫在婴儿床上。他得了脊髓灰质炎。母亲吓坏了,急忙把他送到医院。医院将他安置在了一个人工呼吸器里。他的右半边身体受到了严重影响,好在几周后,他的左半边身体有所恢复。脊髓灰质炎不仅会攻击肌肉,还会攻击连接肌肉和大脑的神经。他失去了右腿的大部分功能,右半身也变得非常虚弱。还在蹒跚学步的时候,他就必须学会用假肢走路,在20世纪60年代,假肢还很简陋。尽管如此,他还是有一条相当强壮的左腿,他勇敢地向前走着。对任何人来说,这都已经够痛苦了,更别说是一个小男孩。可是紧接着又发生了一场灾难。

在8岁那年，我接受了手术，从我的左腿（那条强壮的腿）切除组织，移植到我的病腿上。当时，我的膝盖上有个疖子。手术前我把它给医生看了，但他却漠不关心。在手术过程中，他们划破了疖子，感染了手术的伤口。两天后，我的脚指头变得发青。我因坏疽被紧急送往医院。在医院住了三个月后，我的左腿——那条强壮的腿——不得不被截肢。[3]

人生的真正问题是，一旦不可逆转的事情发生了，我们该怎么办？我们可以控制别人，也可以对现实感到愤怒，生活在遗憾、懊悔、愤怒和指责中。事实是，有些事情是无法改变的。对彼得来说，这一不幸是毁灭性的。这一切本不该发生。这是不必要的、残忍的。这会改变他的一生。现在这个小男孩的残疾比以前更严重了。

这个世界可能会极其不公平。

坏事确实会发生在好人的身上。

而且，不论我们相信这是上天为我们安排的结果，来世会得到补偿，还是说这一切只是随机的命运，除非你自己给它制造一个意义，否则没有任何意义。有一件事是肯定的：没有人可以免受痛苦。

所以，最终我们唯一的选择是如何面对灾难，如何和这些我们希望从未发生过的事情共处。

有些人会愤愤不平，有些人会陷入抑郁。

彼得本可以变得愤愤不平、抑郁，甚至想自杀。但他没有。他仰望天空。他看着飞机从头顶飞过，心想，那么，飞怎么样呢？如果他不能走，为什么他不能飞？他童年的梦想是拥有一架属于自己的飞机，飞越平凡生活的坎坎坷坷，不会被任何人分心。

在那些日子里，他经历了一段漫长而艰难的旅程。起初，他似乎不可能通过体检。人们用各种各样的理由跟他解释，为什么他拿不到飞行员执照，但他没有放弃。他必须证明自己能够使用假肢驾驶一架普通飞机，并证明自己在紧急情况下能够像健全人一样迅速离开飞机。他做到了。

最终，五年后，我成了一名可以驾驶普通飞机的飞行员。我还想支持残疾人参加和健全人一样的活动。两年后，我接受了教练评级。又过了两年，我成了一名拥有自己的飞行学校的正式飞行教练。我是世界上第一个截瘫的飞行教练。迄今为止，我已经训练了400多名飞行员。

彼得的故事告诉我们，要充满希望，不要向绝望屈服。当地面不能支撑他的时候，他就去看别的地方。天空欢迎他，他找到了他的位置。

如今，彼得住在澳洲，周末时会开着他的飞机飞行。他的励志演讲激励着扶轮社（扶轮国际分社）和学校的人们。生活随时会对任何人扔出弧线球，他告诉人们如何忍受和应对这些弧线球。

他还没有举世闻名，但在我们看来，他应该举世闻名。

彼得关于人生和奋斗的观点值得一听。他的一生充满了极度的不幸。他的微笑和积极的心态、他绝妙的幽默感和阳光的性格可以激励任何人，使他们在每天起床时有勇气面对世界。

所以，我们能说的最真实的事情就是：生活会把意想不到的结果抛给我们。我们会面临失去。我们会在某处遭遇不公。

有时候我们会突然遭遇一个转折、一次一级失败、一场未曾预料的灾难、一个不可挽回的损失。

如果我们相信自己的生命有内在的价值，不管它有多艰难或具有挑战性——如果我们相信自己是有价值的、是值得的——我们唯一的选择就是找到勇气、胆量和方法，以忍受并超越意外事件。无论是考试失败、婚姻失败，还是汽车或飞机到达不了目的地，我们都有选择：是对生活充满愤怒，还是花时间培养深层次的韧性——继续向前、继续前进、继续生活，因为我们的生命是宝贵的。

所谓的"失败"，在彼得的人生中没有一席之地。

当我们抹去失败时，我们并不会变得无往不胜。我们不能。我们每天都会在路上跌倒、挣扎。这是生活的一部分。相反地，我们正在抹去那些将我们限制在"失败"中并带来深远负面结果的边界。

我们是聪明的人类。我们有进化的能力。我们不断地转变。通常情况下，DNA不能正常地进行复制，我们不得不忍受这种情况。有时事情会崩溃。有时候——很多时候——我们的生活并不按计划进行。我们都在变老，不过我们的身体已经准备好在这个过程中自我治愈和平衡。万物都会朽坏，但修复是我们进化的一部分。当我们摆脱了失败的语言，我们就消除了评判。我们把一些人放在梯子的顶端，把另一些放在梯子的底部，这给很多人带来痛苦，而我们化解了他们的痛苦。我们看着那些意想不到的事情，接受它们是生活中固有的一部分。我们不再拿自己和别人比较，而是开始审视人生的真正价值。甚至，悲剧性的一级失败也可如此。琼（June）的故事就是一个很好的例子：

许多年前，琼·威尔逊（June Wilson）[4]经历了人们所能想象到的最悲惨的悲剧之一，她6岁的孩子在一次自行车事故中丧生。当她最小的儿子在加州一条安静的街道上骑车时，一辆车由于开得太快，转向过度，把男孩从自行车上撞了下来。几小时后，他在医院去世。尽管这起事故发生在40多年前，琼说她仍然感到痛苦。"它永远不会消失。"她说。

我唯一能告诉你的是，我意识到一件事：从前我为什么会认为自己可以免受痛苦？我们都没有任何保证。这就是生活。这种失去是我生活的一部分，也是很多人生活的一部分。它今天在发生，明天也会发生，数以百万计的人将会努力忍受悲痛，设法在早晨起床，去热爱和关心那些留下来的人。

多年来，她发现了为慈善组织和慈善机构工作的意义，帮助那些需要帮助的人，帮助那些面临财务和个人危机的家庭。她带着悲伤和无助，用它们来激励自己去帮助那些她有能力帮助的人，去同情那些正在经历各种痛苦的人。她让很多人的生活变得更简单、更轻松，这赋予了她存在的意义。为了纪念儿子，她尽其所能地帮助其他孩子。

与彼得一样，琼给我们的礼物，是勇气和对生活本质的理解。

这些事情总会发生。我们和琼一样，不可能避免生活中的苦难或者悲剧带来的影响。一旦我们知道了这一点，我们就能够感恩一切。我们可以感恩和家人在一起的时间，感恩我们所面临的挑战，享受我们的旅程。我们可以发展我们所需的力量和技能，应对生活抛给我们的真正困难。

没有"失败"的概念笼罩着我们的生活，我们就能够给自己一个机会,去做更真实的自己。因为那些意想不到的结果要求我们变得灵活、有同情心、有创新精神和创造力——不仅仅是在物质方面,也在情感、心理和灵性方面。我们必须成为最好的自己,利用好我们所拥有的全部资源。我们是为这个世界而生的。我们是一个宏大的、不断发展的宇宙的一部分。

我们把"失败"这个狭隘的概念强加在自己生活的某些方面,然后相信它就是绝对的现实,而它只是柏拉图洞穴寓言里墙上的影子。

如果我们抹去失败,那么指责也应该一起被消除掉。指责是失败的干儿子。我们指责别人是为了让自己感觉更好,为了让自己的社会等级再上一层台阶。我们没有他们那么坏,也没有他们那么蠢。当我们为错误、失败或事故寻找原因时,我们会感觉有必要让别人来分担责任。这减轻了我们的责任。即使对方确实对错误负有责任,指责他人也于事无补,既不能帮助人们奋发向上,也不能消除伤害。当我们相信失败时,指责永远不会离我们太远。

作为一个社会,我们无意识地被失败和指责所驱使。某事或某人失败了,一定有人必须受到指责。在某些特定领域,比如刑事司法系统中的恢复性司法以及教育行业,情况已经有了一些改变。总的来说,我们表现得好像事情本来就应该这样。转变我们对指责的看法,有助于改变我们对失败的想法。

在《今日心理学》（Psychology Today）刊登的一篇文章中，艾略特·科恩（Elliot Cohen）表示，指责是以"四类非理性信念"为基础的，它们是：

1. 这是别人的错。

2. 那个人不值得尊敬。

3. 他们就应该被这么恶劣地对待。

4. 我不能为此承担任何程度的责任，否则我就会和我指责的人一样一文不值。[5]

下面是一些关于失败/指责关系的例子，其中被视为因果关系的东西，实际上并没有逻辑上的联系。这些观念是我们抹去关于失败的已有观念之前必须克服的：

- 我没有得到晋升，所以我的老板是个讨厌女人的人。
- 我没能买成那套房子，所以那个房地产经纪人是个白痴。
- 他不得不去搞外遇，因为他的妻子不再对他感兴趣。
- 他借了一笔钱去赌博，因为他觉得自己被亲密关系所束缚。

当我们感觉自己"失败了"，我们往往只想让别人来承担责任。但我们必须走出羞耻/指责的阴暗洞穴，因为这对任何人都没有帮助,尤其是对我们自己。

比如说,恢复性的方法就以不同的方式看待世界:错误的事情被定义为造成伤害的事情。造成伤害的行为产生责任和义务。因此,如果有人确实做错了什么,他们就有责任把事情弄对了。

彼得本可以指责外科医生,他的错误判断导致彼得失去了一条好腿。彼得本可以为此痛苦一生的,但他并没有。

1993年8月25日,正值种族隔离制度结束,南非发生了一件悲惨的事情。一位对人权充满热情的年轻美国富布赖特学者艾米·毕尔(Amy Biehl),在计划飞回加州的前一天晚上,带着她的朋友们回到他们在古古勒苏(开普敦附近)的家乡。那天晚上,当她开车送他们回家时,经过一群刚刚参加完一场动荡政治会议的年轻人。他们看到她的白皮肤和金头发,使用石头袭击了汽车。她看见路被堵住了,于是下车企图逃跑。一群年轻人追赶她,抓住她并把她刺死了。

在这种情况下,宽恕似乎是不可想象的。但这正是艾米父母的反应。

琳达和彼得·毕尔飞往南非,想知道他们的女儿究竟发生了什么事。琳达在"宽恕计划"中写道:

当我们听到艾米的噩耗时,全家人都很悲痛。与此同时,我们想了解她死亡的具体情况。不久,我们动身前往开普敦。我们直接从艾米那里汲取了处理这种情况的力量。她积极参与南非政治,尽管那些帮助达成自由选举的暴力导致了她的死亡,我们却不想对南非的民主之路说任何负面的话语。因此,在1998年,当被判谋杀她的四名男子申请赦免时,我们没有反对。在特赦听证会上,我们与犯罪者的家属握了手。[6]

琳达和彼得以艾米的名义成立了一个基金会继续女儿的工作,为贫困的、被剥削的年轻人争取权利。该基金会成立伊始,为该基金会工作的两名男子正是杀害她的凶手。琳达这样评价他们:"我越来越喜欢这些年轻人了。他们就像我自己的孩子。这听起来可能很奇怪,但我倾向于认为这里面有一点艾米的精神。有些人认为我们在支持犯罪,但我们以她的名义成立的基金会就是为了防止青少年犯罪。我开始热情地相信恢复性司法。这就是德斯蒙德·图图(Desmond Tutu)所说的"人性(ubuntu)":选择宽恕而不是要求报复,相信"我与你的人性密不可分"。[7]

易兹·诺法麦拉(Easy Nofemela),杀害艾米的凶手之一,说道:

直到遇到琳达和彼得,我才真正意识到白人也是人类。我曾是阿扎尼亚人民解放军(Azanian People's

Liberation Army）的一员，该军队属于泛非主义者大会（Pan Africanist Congress）的一个武装派别。我们的口号是"一个移民，一颗子弹"。我第一次在电视上看到他们时，我憎恨他们。我以为这是那些白人（艾米的父母）的策略，来南非要求判处我们死刑。但他们并没有提过要绞死我们。我非常困惑。他们似乎明白镇上的年轻人肩负着重担——为自由而战。

　　起初，我不想去真相与和解委员会做证。我认为这是一种背叛。后来我在报纸上读到琳达和彼得说，宽恕不是他们的责任，而是南非人民要学会互相宽恕。我决定去讲述我们的事情，表达我的懊悔。我不是为了得到特赦。我只是想要请求宽恕。我想当着琳达和彼得的面说："对不起，你们能宽恕我吗？"我想要身心自由。失去女儿对他们来说一定是非常痛苦的，但他们来到南非——不是为了控诉我们的罪行，而是为了讨论我们挣扎的痛苦——他们把我的自由还给了我。我不是一个杀手，我从来没有那样想过自己，但我永远不会再属于一个政治组织，因为这样的组织支配着你的思想和行动。[8]

　　对不可逆的一级失败的这种反应，证实了可以用一种截然不同的方式来应对悲剧事件，而不是复仇和想要得到某种补偿。

这的确不能把死去的人带回来，但可以让人们感到他们心爱的人没有白死。

在这起众所周知的涉及艾米·毕尔的个人灾难中，她的家人面对那个无法弥补的损失，拿出了一种深切感人、鼓舞人心的解决方式。他们表示宽恕，结果是社会的革新和救赎，而不是对那些犯下可怕罪行的人的监禁和惩罚。

说到底，这关乎我们自己的选择。我们可能会问这样一个关键的问题：我们想要什么样的结果？

如果我们想要反击和报复，我们要问的问题是：

这样的行为对我们的生活会有什么影响？这能解决问题吗？它能减轻失去所爱之人的痛苦吗？以后的生活会更容易吗？通常情况下，答案是否定的。这只会不断积累仇恨和痛苦，让人产生天命不公的感觉。

如果我们试图重新定义这些"失败"，我们可能会发现，它们会带来积极的结果，它们比报复冲动更能帮助我们愈合伤口。

琳达和彼得·毕尔本可以大声疾呼"正义"或"复仇"。可他们的女儿已经死了，没有任何一种正义能够把她带回来。她的父母了解自己的女儿，也知道她的信仰：她希望终结人类的暴力。创立艾米基金会不仅使他们的人生变得有意义，也帮助了杀害艾米的凶手以及基金会所支持的无数贫困青年，让他们的人生也变得有意义。

每一天，事情都会出问题。飞机坠毁、建筑物倒塌、人们失踪。我们可以从错误中学习，前提是我们准备好承认错误。但这种学习并不会把我们失去的东西带回来，我们仍然要忍受失去。问责和责任是必须存在的，如果可能，尽可能恢复或修复已经造成的损害。指责只会让我们都躲藏起来，掩盖自己的错误和所谓的失败，并用撒谎来维护自己的体面。

让我们想象一下，把我们所知的失败从每一次冒险或人类活动中抹去。如果你着手设计一种新型飞机，结果它飞不起来，但你学到了一些关于升力和阻力的微妙而基本的知识，这真的很棒。如果你今后再处理这个问题，即使你决定设计汽车或船而不是飞机，你也会有相关的知识和经验。这来之不易的物理知识是可迁移的。或者，你被要求做一辆方形轮子的自行车。你按要求做了一辆自行车，结果它不能骑，但它变成了一种声明，一件现代艺术博物馆里的雕塑。抑或，它成了一本书的封面，这本书谈论那些所谓失败的人类活动的内在美。又或者，你去攀登珠穆朗玛峰，你到达了大本营，可你生病了，不得不在刚开始就放弃。那又怎样？你尝试过了，你奋斗过了。在所有这些场景中，你是在旅行，你有勇气。无论如何，你都是一个英雄。

珍惜你从挑战和失望中获得的品质。这就是你奇迹般的存在——如果人生是由这些之前被称为"失败"的结果所组成的,那就去失败吧——或者更确切地说,去勇敢地活在自己拥有的时光里,同时知道自己是更广阔的、不可预测的、不断进化的宇宙的一部分。

观点总结

> 如果我们把失败的观念从人类活动的各个领域中抹去,情况会怎样?我们并没有失败,我们正在发现100种行不通的方法。

> 对成功的追求使我们害怕或隐藏自己的"失败",这样我们就无法从一个意想不到的结果中获得任何价值。

> 一旦我们摆脱关于"失败"的旧观念,我们就给了自己一个新的机会,让自己变得更真实:意想不到的结果要求我们变得灵活、有创意、能创新。

> 改变我们对失败的看法是一种临界体验。一旦我们以一种新的方式看待它,就再没有回头路了。

> 如果我们摆脱关于失败的已有观念,羞辱和指责就会随之消失。

怎样转变思维里的"挫折模式"

> 记住：我们是为这个世界而生的。我们是一个宏大的、不断发展的、令人惊奇的宇宙的一部分。

> "失败"是一个狭隘的概念，我们把它强加在自己生活的一个片段上面，然后深信不疑，仿佛它就是绝对的现实。但它并不是。

> 不要把你现在的生活与你认为应该有的生活做比较。用爱取代恐惧。即使事情没有像你希望的那样发展，也要做最真实的自己。

> 停止指责他人。过你自己的人生。当意外事件发生时，要想办法补救，或者确保有人能补救，而不是羞辱或指责别人。

> 用双手把握你的人生。当人生没有按计划进行时，记住你仍然是那个聪明人。你的"失败"现在会在你的脑海中转化为"意想不到的结果"，是可以解决的。

参考文献：

[1] 米歇尔·杰拉尔德.作者访谈，2016年12月.为保护隐私已化名。

[2] 朱尔斯·伯斯坦.作者访谈，2017年1月.为保护隐私已化名。

[3] 比勒陀利乌斯，彼得，谢莉·戴维德.展翅飞翔：截瘫者顽强的天空之旅[J].飞机与飞行员，2013-6-25.2017-3-8.

http://www.planeandpilotmag.com/article/wings-to-fly/#.WHhPXH1p9Va.

[4] 琼·威尔逊.作者访谈，2017年1月.为保护隐私已化名。

[5] 科恩，艾略特·D.不要再指责了：指责可能会阻碍你的幸福[J].今日心理学.2012-7-29.

https://www.psychologytoday.com/blog/what-would-aristotle-do/201207/stop-playing-the-blame-game.

[6] 琳达·毕尔和易兹·诺法麦拉（南非）.宽恕计划，2010-3-29.2017-3-17.

http://theforgivenessproject.com/stories/ linda-biehl-easy-nofemela-south-africa /.

[7] 同上。

[8] 同上。

第十一课　逆向逻辑：把挫折变成意外

拥抱意外

　　正如我们现在所发现的，失败并不是一个我们必须不惜一切代价加以避免的单一概念。一级失败是灾难性的，我们无法避免，当它们发生的时候，我们必须应对它们，并且忍受它们所带来的影响。二级失败是我们能够应付的挑战，如果我们不把它们看成失败。三级失败是武断的，是我们自己规定的，是由我们自己的期望建立起来的，这些期望的结果可以消除我们的自我价值感。在这三类所谓的失败中，我们的哲学、叙事和方法都深刻改变着失败对我们的影响。以下是一个工具箱，里面有一些练习，要求你写下并思考你的生活及其意想不到的结果。希望这些工具能为你精彩而独特的生活指明方向。

运用逆向逻辑的练习

练习一：生活

写下最近三件你认为是失败的事情。

以下是三个例子：

1. 因为行动不够快或不够高效而错失梦想中的房子。

2. 职业没有出路，而且老板很差劲。

3. 花时间进修了一个对就业没有任何帮助的学位。

如果你能从这些经历中找到一些价值（比如教训、领悟等），请把它们写下来。

例子：

1. 梦想的房子：学会相信直觉以及如何追随自己的直觉。

2. 没出路的职业：意识到我是有价值的，每天强加给我的这些条条框框对我来说太琐碎了，开始考虑寻找别的工作。

3. 更高的学位：读书能够开阔视野，让生活更加有趣。

练习二：工作

想一想在哪些工作状况下，你会害怕失败？

1. 想象并写下最坏的结果。（例如：因表现不佳而被解雇/替代。)

2. 想象并写下最好的结果。(例如：因创销量纪录而升职。)

3. 想象并写下你预料不到的灾难。(例如：过马路时被半挂车撞到。)

4. 想象并写下一些你预料不到的好事。(例如：碰巧被星探发现并得到出演电影的机会。)

一旦你有了这些叙事，你就可以根据这四个主题，续写每一个故事。

不要期待这些结果之中的任何一个，要知道这些结果，以及其他你没有想到的结果，全都是可能的。追求你的目标，但也要充分理解意外的场景是如何展开的。就像锻炼肌肉使你更健壮，当你每天忙于写故事，承认意外，并想办法解决这些意外的时候，你就是最强大的。

练习三：恋爱

想一想在哪些恋爱状况下，你会害怕失败？

记住：这些不是失败，只是结果。如果事情不能得以解决，你们就分手；如果事情解决了，你们之间就有新的可能性。感情生活中总有你意料不到的事情。

1. 写下最坏的结果。(例如：事情不能得以解决并分手。)

2. 写下最好的结果。(例如：找到一种新的相处方式。)

3. 写下一个可怕的意外结果。(例如：伴侣或自己突然死亡或生病。)

4. 写下一个令人惊喜的结果。(例如：新的恋爱和初恋一样美好，而且感情更深。)

一旦你有了这些叙事，你就可以根据这四个主题，续写每一个故事。最坏的结果会带来什么呢？你有什么计划来应对这种情况？最好的结局会带来什么呢？那时你会怎么做？

练习四：健康

记住，最终我们都会失去健康。生存是一个神话。总有一天，我们都将无法生存，我们能做的是尽可能推迟到那一天的到来，同时努力生活。

想想你最害怕的健康状况。

1. 写下最坏的结果。(例如：乔什做了一个前列腺特异性抗原测试，发现它异常地高。)

2. 写下最好的结果。(例如：他在检查后发现没有癌症，只是前列腺肥大，而这个症状在他这个年龄是正常的。)

3. 写下一个可怕的意外结果。(例如：他得了前列腺癌，并且已经扩散到骨头里。)

4. 写下一个令人惊喜的结果。(例如：前列腺特异性抗原测试有异常，在随后的测试中它是正常的。)

一旦你有了这些叙事，你就可以根据这四个主题，续写每一个故事。最坏的结果会带来什么呢？你有什么计划来应对这种情况？最好的结局会带来什么呢？那时你会怎么做？

练习五："假如"游戏

如果意外影响到你的生活，你可以通过这个练习来制订一个应对行动计划。写下三个最坏的情况和一个应对计划。如果失去了工作/配偶/房子，你会怎么办？这些情况很可怕，就是这些情况常常使成年人午夜难眠，所以把这些可怕的想象写下来是值得的；与其认为"这永远不会发生在我身上"，想象这可能发生，并且想象如果真的发生了，你会怎么做。

对于那些已经有目标和决心的人，写下其中三个目标。然后针对每一个目标，想象一下，可能有什么事情会妨碍你实现那个目标。为了应对意外，为每一个目标制定一个积极的行动方案。

通过这样做，通过直面我们的希望和恐惧，我们可以培养我们在这个世界上最需要的一种品质——勇气，充分生活的勇气，即使知道生活中的很多事情是我们无法控制的。

10堂逆向逻辑思考课最终总结

> 不要相信我们必须"成功"的神话。

> 在大自然中漫步，呼吸当下的空气。你，并且你自己一个人，奇迹般地活着。

> 和你的孩子一起玩耍。享受那些不必匆忙赶路、不必去上课或参加比赛的时光。一起画画、做饭、讲笑话——即使是蹩脚的笑话。

> 与朋友共度时光。

> 每周一次，给你的子女/配偶写张小纸条：告诉他们，在你的人生中，你看重他们什么，你感激他们什么。

> 做志愿者。遇见受苦的人就去帮他们，付出你的时间，更重要的是你的心，这是你能做的最有人性的事情。

> 如果你处于一种竞争极为激烈的乏味的工作环境中，你就要把自我价值从物质上的成功或失败中分离出来，寻找更适合你的工作。即使现在无法改变，也要把自己看成正处在改变的过程当中，正在进入某种新造的事物当中。你正在进步。

> 做到以上所有事情，从你自己对自己的期望，以及他人对你的期望中解脱出来。此刻不是固定的，它只是一张快照。如果你的孩子在竞争激烈的学校环境中，你应该向他们表明你看重的是他们本身，而不是他们的分数或者奖项。

> 对于二级和三级失败，请记住我们可以改变看待失败的方式。当一级失败发生时，要明白我们的宇宙和我们自己的生活本身就不可避免地充满了不可预知的事件；我们对抗这些事件的最佳搭档是勇气，以及这个事实——我们和地球上的其他每个人都是如此。

鸣　谢

我们要感谢澳大利亚人民和美国人民,感谢你们慷慨地与我们分享你们的个人经历和"意外"的故事。感谢Familius出版社辛勤工作的团队,感谢凯瑟琳·黑尔、布鲁克·乔丹、大卫·迈尔斯、埃里卡·里格斯和克里斯托弗·罗宾斯,感谢你们的支持,感谢你们用一本又一本书,让世界变得更加美好。

关于作者

谢莉·戴维德（Shelley Davidow）是诚信管理博士、教育学硕士，也是国际知名作家，她一共写了43本书。她最近的非小说类作品包括《血液中的耳语》（昆士兰大学出版社，澳大利亚，2016年），与保罗·威廉姆斯合著的《文字游戏》（Palgrave Macmillan 出版社，英国，2016年），以及《提高儿童抗压力》（Familius 出版社，美国，2015年）。目前，她在澳大利亚阳光海岸大学的教育和创意写作系任教。

保罗·威廉姆斯（Paul Williams）博士是几本书的获奖作者，其中包括回忆录《蓝衣士兵》（非洲新书出版社，南非，2008年）。他住在澳大利亚，负责协调阳光海岸大学的创意写作项目。他的最新作品是与谢莉·戴维德合著的《文字游戏》。